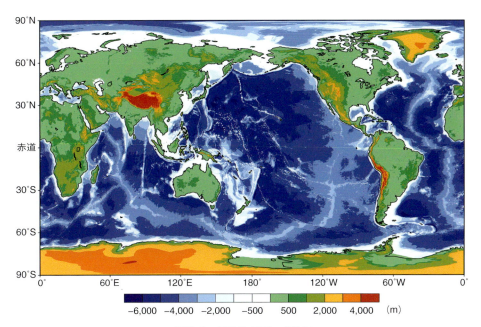

口絵1 固体地表面の高低図

データ解像度は緯度・経度 2′．（ETOPO2 データによる）（本文 p.6 参照）

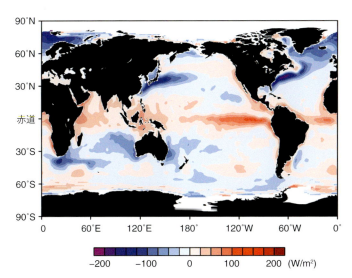

口絵2 正味の熱フラックスの年平均値の分布

下向きフラックスが正．（データは Josey et al. (1998) と Grist and Josey (2003) による）（本文 p.41 参照）

口絵 3　数値モデルでシミュレートされた津波
東北地方太平洋沖地震（2011 年 3 月 11 日午後 2 時 46 分）の発生から 15 分後の様子
（東北大学災害科学国際研究所 今村文彦教授提供）（本文 p.113 参照）

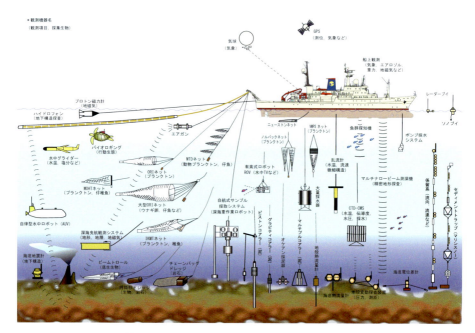

口絵 4　学術調査船白鳳丸が展開する観測設備の例
（東京大学大気海洋研究所 田村千織氏提供）（本文 p.150 参照）

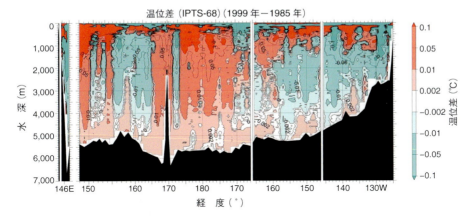

口絵 5　1985年と1999年に行ったWOCE-WHP-P1（北緯47°線）観測における温位差（1999年 − 1985年）の分布
（Fukasawa *et al.*, 2004）（本文 p.154 参照）

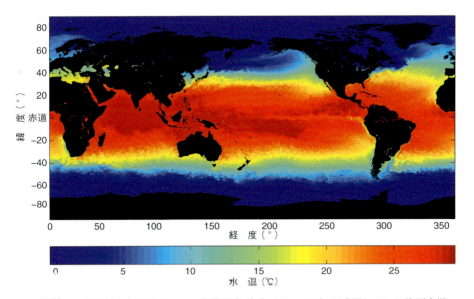

口絵 6　米国航空宇宙局ジェット推進研究所（NASA-JPL）が公開している海面水温分布の例
2016年5月3日．（同所ウェブサイトから引用）（本文 p.158 参照）

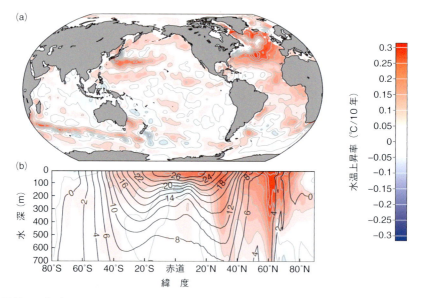

口絵 7　海洋上層 700 m 深まで平均した水温上昇率（℃/10 年）の空間分布（a）とその東西平均した鉛直分布（b）
1971〜2010 年の資料による．（IPCC, 2013）（本文 p.192 参照）

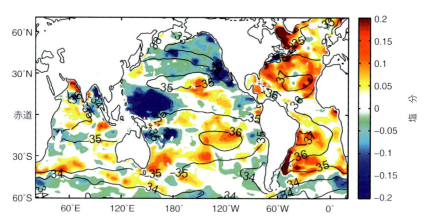

口絵 8　2003〜07 年の年平均海面塩分と，1960〜89 年の 30 年間のそれとの差（前者マイナス後者）の分布
等値線は前者の海面塩分．（Hosoda et al., 2009）（本文 p.193 参照）

現代地球科学入門シリーズ
大谷栄治・長谷川昭・花輪公雄[編集]

Introduction to
Modern Earth Science Series

4

海洋の物理学

花輪公雄[著]

共立出版

現代地球科学入門シリーズ
Introduction to Modern Earth Science Series

編集委員

大谷 栄治・長谷川 昭・花輪 公雄

現代地球科学入門シリーズ
刊行にあたって

読者の皆様

　このたび『現代地球科学入門シリーズ』を出版することになりました．近年，地球惑星科学は大きく発展し，研究内容も大きく変貌しつつあります．先端の研究を進めるためには，マルチディシプリナリ，クロスディシプリナリな多分野融合的な研究の推進がいっそう求められています．このような研究を行うためには，それぞれのディシプリンについての基本知識，基本情報の習得が不可欠です．ディシプリンの理解なしにはマルチディシプリナリな，そしてクロスディシプリナリな研究は不可能です．それぞれの分野の基礎を習得し，それらへの深い理解をもつことが基本です．

　世の中には，多くの科学の書籍が出版されています．しかしながら，多くの書籍には最先端の成果が紹介されていますが，科学の進歩に伴って急速に時代遅れになり，専門書としての寿命が短い消耗品のような書籍が増えています．このシリーズでは，寿命の長い教科書を目指して，現代の最先端の成果を紹介しつつ，時代を超えて基本となる基礎的な内容を厳選して丁寧に説明しています．

　このシリーズは，学部2~4年生から大学院修士課程を対象とする教科書，そして，専門分野を学び始めた学生が，大学院の入学試験などのために自習する際の参考書にもなるよう工夫されています．それぞれの学問分野の基礎，基本をできるだけ詳しく説明すること，それぞれの分野で厳選された基礎的な内容について触れ，日進月歩のこの分野においても長持ちする教科書となることを目指しています．すぐには古くならない基礎・基本を説明している，消耗品ではない座右の書籍を目指しています．

　さらに，地球惑星科学を学び始める学生・大学院生ばかりでなく，地球環境科学，天文学・宇宙科学，材料科学など，周辺分野を学ぶ学生・大学院生も対象とし，それぞれの分野の自習用の参考書として活用できる書籍を目指しました．また，大学教員が，学部や大学院において講義を行う際に活用できる書籍になることも期待致しております．地球惑星科学の分野の名著として，長く座右の書となることを願っております．

編集委員一同

序　文

　海は地表面の7割を占め，地球表層に存在する水の97%を貯えている．地球が"水惑星"とよばれる所以である．また，海は地球上の生命が誕生した場と考えられており，母なる海とも形容される．

　人類は今，惑星に探査体を自由に送ることができる時代となった．しかし，歩けばたった数時間の距離である海の深部に，いまだ自由に人を送り込めない．10m潜るごとに1気圧増加する高い圧力の壁が，人類の海での自由な活動を制限しているのである．

　この海を物理学の手法と考え方で理解していこうとする学問が"海洋物理学"である．すなわち，海洋物理学とは，「物理学の視点と手法をもって，海洋の成層と循環の動的な姿を観察し，その変動の機構を解明し，将来の変化を予測可能にする学問」といえる．

　近年，海は気候システムを構成する重要な要素として，また，溶かした物質を循環させる場として注目を集めている．海に関する科学的探究の歴史は約150年とまだ浅いが，探検的観測の時代から実験的観測の時代へと移り，われわれは今や，日々各種メディアで見られる天気図のように，"海の天気図"を作る時代を経て，さらにはモデルで海の予報を行う時代に入っている．とりわけ21世紀に入り，国際的な連携の下に整備された海洋監視のプログラムである"国際アルゴ計画"のインパクトは大きく，海洋に関する諸学問が急速に進展しつつある時代となった．

　われわれの大部分にとって海は身近なものとは言い難いが，日々の天気や天候，季節変化，気候変動，地球温暖化など，それぞれにとって海は重要な役割を担っている．本書ではこの海の静的な，そして動的な姿をみていく．また，海はそれ自身のみで変動しているのではなく，大気からの強制力を受けて変動している．海の理解のためには，大気からの強制力を知ることも大切である．これも等しくみていきたい．

　本書は，筆者が学部3年生向けに行ってきた海洋物理学の講義ノートを土台

序　文

に大幅に加筆して編んだものである．海洋物理学の入門書として適切な題材を選んだつもりであるが，紙数の都合もあり，多くの事項を割愛しなければならなかった．深く海洋物理学を学ぼうとする読者は，本書を入門の書としてさらに専門的な教科書へと進んでいただきたい．なお，一般の教科書では，すでに定説とみなされていることが淡々と無味乾燥に記述されることが多いが，本書は未解明の部分に触れたり，歴史的なエピソードを紹介したりすることで，読者にとって読みやすいものとなるように心がけた．このような意図が成功しているかどうかは，読者の判断に委ねたい．

なお，本書では新しい図を多く用いた．これらの作図の労を取ったのは研究室の杉本周作博士である．彼はまた，原稿に対しさまざまなコメントもしてくれた．ここに記して感謝の意を表したい．また，気象庁の安田珠幾博士からも原稿に貴重なコメントをいただいた．さらに研究室の須賀利雄博士と木津昭一博士とは，多くの共同探究で海への理解を深めることができた．感謝の意を表したい．

本書を含む現代地球科学入門シリーズは，東北大学の地球惑星科学系の21世紀COEプログラム，ならびにグローバルCOEプログラムの活動のなかから企画されたものである．本シリーズが企画されて以来長い時間を経ているが，筆の遅い筆者を寛容に見守って下さった共立出版の信沢孝一氏に感謝申し上げる．

2017年1月

花 輪 公 雄

東北大学 大学院理学研究科

目　　次

第 1 章　地球の海　　1
1.1　地球と海の誕生 1
1.2　大陸と海洋の配置 2
　　1.2.1　大陸地殻と海洋地殻 2
　　1.2.2　プレート・テクトニクス 2
1.3　海の分布 4
1.4　海底の形状 6
1.5　海底地形の観測 9
　　1.5.1　水深の計測 9
　　1.5.2　水深データ 10

第 2 章　海水の性質　　11
2.1　地球表層の水とその循環 11
2.2　水の性質 13
2.3　海水の組成 14
　　2.3.1　海水に溶存している物質 14
　　2.3.2　塩　　分 16
2.4　海水の密度 18
　　2.4.1　海水の状態方程式 18
　　2.4.2　温位とポテンシャル密度 19
　　2.4.3　海水の結氷・融解点温度と最大密度温度 20
2.5　海水中の音波 21

第 3 章　地球の熱収支　　22
3.1　太陽放射と地球放射 22

目　次

　3.2　熱の移動の形態 25
　　　3.2.1　放　　射 25
　　　3.2.2　顕熱輸送 26
　　　3.2.3　潜熱輸送 26
　3.3　地球上での熱の移動 27
　3.4　熱の南北輸送 28

第4章　海洋への強制力　　　　　　　　　　　　　　　　　　　　31
　4.1　海洋への強制力 31
　4.2　バルク法 32
　　　4.2.1　顕熱フラックス 33
　　　4.2.2　潜熱フラックス 35
　　　4.2.3　正味短波放射フラックス 36
　　　4.2.4　正味長波放射フラックス 36
　　　4.2.5　正味淡水フラックス 37
　　　4.2.6　運動量フラックス（風応力） 37
　4.3　海面熱フラックスの分布 38
　4.4　淡水フラックス 42
　4.5　運動量フラックス（風応力）の分布 43

第5章　海洋の成層構造　　　　　　　　　　　　　　　　　　　　46
　5.1　海洋の成層 46
　　　5.1.1　成層と躍層 46
　　　5.1.2　混　合　層 48
　5.2　水　　塊 49
　5.3　水温と塩分の分布 51
　　　5.3.1　水温と塩分の水平分布 51
　　　5.3.2　水温と塩分の鉛直分布—中層と深層の水塊— 54
　　　5.3.3　モード水—表層の水塊— 58
　5.4　水塊の移動と変質 61
　　　5.4.1　水塊の移動と変質 61

5.4.2　二重拡散対流とキャベリング 63

第6章　海洋の大循環　　67
6.1　海洋の流れの測定 67
6.2　表層の循環 68
　　　6.2.1　北太平洋の表層循環 70
　　　6.2.2　他の海洋の表層循環—西岸境界流— 72
　　　6.2.3　インド洋の表層循環系—インド・モンスーンへの応答— . 73
　　　6.2.4　南大洋の海流—南極周極流— 74
6.3　中・深層の循環 75
6.4　海洋の3次元循環 76

第7章　海水の運動方程式と地衡流　　80
7.1　回転系の運動方程式 80
　　　7.1.1　非回転系のナビエー・ストークスの式 80
　　　7.1.2　地球上の流体の運動を記述する方程式 81
7.2　運動方程式の各項の意味 86
7.3　スケールアナリシス 89
7.4　地衡流近似方程式系 91

第8章　海洋大循環論　　93
8.1　風に対する海洋の応答—エクマン層の理論— 93
　　　8.1.1　エクマン層の理論 94
　　　8.1.2　エクマン層の厚さと輸送量 95
8.2　エクマン流の収束発散とスベルドラップバランス 96
　　　8.2.1　エクマン流の収束発散 96
　　　8.2.2　スベルドラップバランス 97
8.3　西岸境界流 100
8.4　深層循環論 101

目 次

第9章　海洋の短周期波動　106
9.1 波の基本的な性質　106
9.1.1 波の基本要素　106
9.1.2 水の波　107
9.1.3 位相速度と群速度　108
9.1.4 波の分類　110
9.2 波浪と津波　111
9.2.1 風波とうねり　111
9.2.2 津波　113
9.3 境界面波と内部重力波　114
9.3.1 ケルビン・ヘルムホルツ不安定　114
9.3.2 内部重力波　116

第10章　海洋の長周期波動　119
10.1 浅海方程式系　119
10.2 慣性重力波　121
10.3 ロスビー波　123
10.3.1 非発散性ロスビー波　124
10.3.2 発散性ロスビー波　126
10.3.3 地形性ロスビー波　128
10.4 ケルビン波　129
10.4.1 沿岸ケルビン波　129
10.4.2 赤道ケルビン波　131
10.5 海洋内部の長周期波動　132

第11章　潮汐と潮流　134
11.1 潮汐　134
11.2 起潮力　137
11.3 平衡潮汐論と動的潮汐論　139
11.3.1 平衡潮汐論　139
11.3.2 動的潮汐論　140

11.4	潮流	144
11.5	潮位資料を用いた海洋変動の検出	144
11.6	内部潮汐と海洋混合	147

第12章　海洋の観測と監視　　148

12.1	海洋の観測と監視	148
12.2	船舶による海洋観測	149
12.3	海洋の現場観測	151
	12.3.1　オイラー型観察とラグランジュ型観察	151
	12.3.2　船舶による定線観測	151
	12.3.3　係留系観測	153
	12.3.4　漂流ブイによる観測	155
12.4	海洋のリモートセンシング	157
12.5	XBT と ADCP 観測	160
	12.5.1　投下式測器	160
	12.5.2　音波ドップラー流速計	161
12.6	海洋観測データの取扱いポリシー	162

第13章　気候変動と海洋　　164

13.1	気候システム	164
13.2	大気海洋相互作用システム	165
	13.2.1　大気と海洋が貯える熱量	166
	13.2.2　可視光線に対する大気と海水の吸収の性質	166
	13.2.3　大気と海洋の時間スケール	166
13.3	記憶装置としての海洋	167
13.4	エルニーニョ	170
	13.4.1　エルニーニョと南方振動	170
	13.4.2　エルニーニョに対する指数	172
	13.4.3　エルニーニョ・ラニーニャ時の世界の特徴的な天候	173
	13.4.4　テレコネクションパターンとエルニーニョ	174
13.5	太平洋数十年変動	177

- 13.5.1 アリューシャン低気圧の消長 177
- 13.5.2 太平洋数十年変動 178
- 13.5.3 太平洋数十年変動のメカニズム 179

第14章 地球温暖化と海洋　　182

- 14.1 温室効果気体の増加 182
- 14.2 地球温暖化の仕組み 184
- 14.3 地球温暖化に果たす海洋の役割 186
  - 14.3.1 海洋による温室効果気体の吸収 186
  - 14.3.2 海洋による熱の吸収 187
- 14.4 海水位の上昇と海洋の酸性化 188
  - 14.4.1 海水位の上昇 188
  - 14.4.2 海洋の酸性化 189
- 14.5 地球温暖化と海洋の成層や循環の変化 191
  - 14.5.1 海水温の変化 191
  - 14.5.2 塩分の変化 193
  - 14.5.3 海洋循環の変化 193

参考文献　　195

索　引　　200

欧文索引　　205

第1章 地球の海

　地球は**水惑星**（aqua-planet）とよばれている．地球表層は，水が気体，液体，固体の3相で共存しており，生命にとって好適な環境となっている．海は地表面の約70%の面積を占め，地球表層に存在する水の大半を貯えている．現在の海の分布や海底の形状など，海水の容れものとしての海について概観する．

1.1　地球と海の誕生

　今から46億年前，原始太陽や惑星が形成されはじめた．惑星は微小な天体との衝突を繰り返し，現在の地球やその他の惑星に成長していった．初期の地球は，多数の微小な天体との衝突エネルギーと，大量の水蒸気（H_2O）や二酸化炭素（CO_2）を含む大気の温室効果の作用で，地表面温度は1,500℃以上に達する高温となっていた．そのため，地表面は鉱物がドロドロに融けた状態である**マグマの海**（magma ocean）で覆われた．その後，次第に衝突する微小天体が少なくなり，また，次第に惑星空間に熱が逃げて地表面の温度が下がり，マグマも冷えて**地殻**（crust）となっていった．この間，多数の火山ができて活発な噴火活動が続き，大気中に水蒸気や二酸化炭素に加え，亜硫酸（H_2SO_3）ガスや塩酸（HCl）ガスなどが噴出された．

　さらに気温が下がると，大気中の水蒸気は凝結し，大量の雨となって地表面に降り注ぎ，液体の海が誕生した．海ができると大気中の二酸化炭素が急速に海水に溶け，温室効果のはたらきが抑制されて気温がさらに低下した．雨は火

山ガスに含まれる亜硫酸ガスや塩酸ガスが溶けて酸性となり，地表面付近に存在する金属成分であるナトリウム（Na）やカルシウム（Ca），あるいはマグネシウム（Mg），鉄（Fe），アルミニウム（Al）などを溶かして海に流し込んだ．このため初期の海水は強酸性であったが，次第に中和して中性に近い海水へと変わっていったと考えられている．こうして，地球誕生後間もなく，今から40億年前までには，地球上に存在するほとんどの元素を含む液体の海ができたと考えられている．実際，38億年前にはすでに海が存在したという地質学的証拠が見つかっている．

1.2 大陸と海洋の配置

1.2.1 大陸地殻と海洋地殻

地球の固体の層は，地球中心から地表面に向かって構成する物質などから，**内核**（inner core），**外核**（outer core），**マントル**（mantle），地殻に分けること（化学的区分）ができる．最表層の地殻は30〜50 kmの厚さの**大陸地殻**（continental crust）と，5〜10 kmの厚さの**海洋地殻**（oceanic crust）に分けられる．

海洋地殻は**玄武岩**（basalt）からなる火山岩で，**海嶺**（oceanic ridge）でマントルから上昇したマグマが供給されて形成される．形成された海洋地殻は，その下部のマントルでの対流運動で移動し，大陸地殻より重いために大陸地殻の下に潜り込んで消滅する．潜り込む領域には**海溝**（oceanic trench）ができる．一方，大陸地殻は**花崗岩**（granite）からなる深成岩で，さまざまな年代の岩石が存在することから，46億年の地球史全体という長い年月をかけて形成されたものと考えられている．

1.2.2 プレート・テクトニクス

現在の大陸は，すべての大陸地殻が1つに集まった**超大陸**（supercontinent）である"パンゲア（Pangea）"が約2億年前に分裂しはじめ，移動して現在のような配置になったと考えられている．このような超大陸の分裂や移動に関するシミュレーションから，このような移動はこれまで5〜6億年の周期で少なくとも3回は起こったと考えられている．現在の分散している大陸配置も，今後

1.2 大陸と海洋の配置

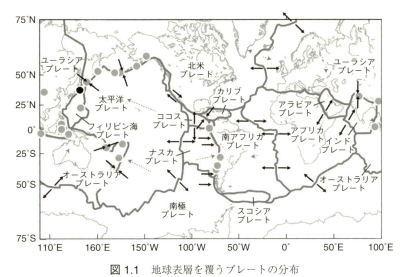

図 1.1　地球表層を覆うプレートの分布
プレート境界に記した矢印は，相対的なプレート運動を示す．破線の矢印はプレートの動きの方向を示す．黒丸は 2011 年 3 月 11 日に発生した東北地方太平洋沖地震の震源，灰色の丸は 1950 年代以降に発生したマグニチュード 8.5 以上の巨大地震の震源を示す．（プレート配置の原図は米国地質調査所，震源位置は『理科年表（2011 年版）』から引用）

2 億年もすれば再度 1 つにまとまり，ふたたび超大陸となるのではないかと推定されている．

　この移動を説明する理論が**プレート・テクトニクス**（plate tectonics）である．プレート・テクトニクスは 1960 年代に発展した理論で，海洋地殻に残された地磁気の縞模様などがその証拠として挙げられている．

　大陸地殻も海洋地殻も，十数枚の"板状の物"という意味で**プレート**（plate）に分けることができる．図 1.1 にプレート境界と各プレートの名称を示す．プレート間の境界の位置やプレートの数についてはまだ議論が続いているが，この図では 14 枚のプレートで地球全体が覆われているとしている．図の中で，矢印が互いに離れる方向に向いている境界でプレート（海洋地殻）が形成されている．次節で述べるように，この境界には海嶺が存在する．一方，矢印が向き合っている境界では，一方のプレートがもう一方のプレートの下に沈み込んでいる．この境界には海溝が存在する．プレートを動かしているエネルギーは，地殻が乗っているマントルの対流運動（**マントル対流**，mantle convection）や，

3

潜り込んだ海洋地殻の重量による引っ張り力であると考えられている．

　図1.1には，1950年代以降に発生したマグニチュード8.5以上の巨大地震の震源地も示した．数例を除き，いずれの震源地も海洋地殻を構成するプレートが大陸地殻をもつプレートの下に沈み込んでいる境界，すなわち，海溝付近で起こっていることがわかる．北日本の東岸沖で北米プレートの下に沈み込んでいる太平洋プレートは，約 8 cm/yr の速度で南東側から日本へ近づいていることが実測により知られている．

1.3　海の分布

　地球は，赤道半径が 6,378 km，極半径が 6,357 km の楕円体であるが，通常半径 6,371 km の球体として扱っている．表面積は $5.1 \times 10^8 \, \text{km}^2$ であり，このうち海洋は約 71% を占め，陸地は 29% である．南北半球で分けると，北半球は 61% が海洋であり 39% が陸地，南半球は 81% が海洋であり 19% が陸地である．このため，北半球を陸半球，南半球を海半球とよぶこともある．

　図1.2におもな海洋の名称を示す．大きな海洋は，**太平洋**（Pacific Ocean），**大西洋**（Atlantic Ocean），**インド洋**（Indian Ocean）であり，3大洋とよばれる．このほか，北極を中心とした**北極海**（Arctic Ocean）や，南極周辺の海を太平洋などと分けて5大洋ということもある．南極周辺の海は，一般には南極海や南氷洋などとよばれているが，学術用語としては**南大洋**（Southern Ocean）が用いられる．南大洋の厳密な定義はないが，南極大陸の北から南緯 40°，あるいは亜熱帯前線（6.2.4 項参照）までをさすことが多い．5 大洋のうち，大西洋と太平洋を赤道で北と南とに分けて数え，これらをもって"七つの海"とよぶこともあるが，一般的には"七つの海"は「すべての海」という意味で使われることが多い．

　これらの**大洋**（ocean）のほか，**地中海**（Mediterranean Sea），**日本海**（Japan Sea あるいは Sea of Japan），オホーツク海，ベーリング海など，大陸や列島で囲まれた海が存在する．また，**メキシコ湾**（Gulf of Mexico）やハドソン湾などと，**湾**（gulf あるいは bay）を付した大小の海も存在する．これらの海を，大洋の縁にあるという意味で，**縁辺海**（marginal sea）とよぶこともある．

　表1.1に3大洋のおもな数値情報を示す．一番大きな海は太平洋で，全海洋

1.3 海の分布

図 1.2　世界のおもな海洋

表 1.1　3 大洋と全海洋の面積，体積，最大深度，平均水深

	面積 (10^6 km^2)	体積 (10^6 km^3)	最大深度 (m)	平均水深 (m)
太平洋	166　(46)	696　(52)	10,920	4,188
大西洋	87　(24)	323　(24)	8,605	3,736
インド洋	73　(20)	284　(21)	7,125	3,872
全海洋	362 (100)	1349 (100)	10,920	3,729

(数値の出典は『理科年表 (2011 年版)』)
全海洋は 3 大洋のほかに縁辺海を含んでいるので，3 大洋の総和とは異なることに注意．面積と体積のカッコ内の数値は，全海洋に占める割合 (%) を示す．

表面積の 46%，体積の 52% を占める．大西洋は面積，体積ともに 24%，インド洋はそれぞれ 20%，21% である．なお，この表では，南大洋は太平洋，大西洋，インド洋に分割されて入っていることに注意されたい．平均水深は，太平洋が約 4,200 m とやや深く，大西洋とインド洋は約 3,700〜3,800 m である．また，最大水深は約 11,000 m であり，日本の南に位置するマリアナ海溝に最深部がある．

1.4 海底の形状

図 1.3 に，水の部分を取り去った固体地球の高低図を示す．この図は，緯度経度 2′（分）の格子データ（ETOPO2）から作成した（次節参照）．図 1.1 に示したプレート境界と比較しながら観察する．海の領域に注目すると，まず，4,000 m 程度の水深をもつ領域がかなりの面積を占めていることがわかる．この平らな領域を**深海平原**（abyssal plane）とよぶ．大西洋のほぼ中央部には南北に深海平原から突き出た山脈が走っている．この山脈が海嶺である．また，大陸近傍には浅い領域が広がっている領域がある．おおよそ 200 m 以浅のこの領域が**大陸棚**（continental shelf）であり，たんに陸棚とよぶこともある．また，アリューシャン列島から千島列島，北海道や本州東部，さらに伊豆・小笠原諸島，さらにはマリアナ諸島に沿って，幅は広くないものの深い領域が走っている．この領域が海溝である．

図 1.4 に北緯 35°22′ の緯度線に沿った東経 110°（中国の青島の付近）から

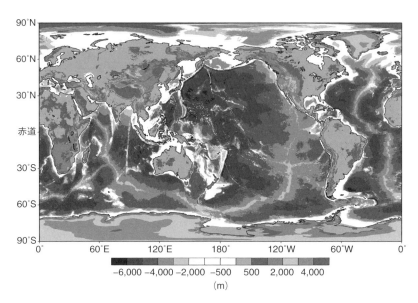

図 1.3　固体地表面の高低図
データ解像度は緯度・経度 2′．（ETOPO2 データによる）（カラー図は口絵 1 参照）

1.4 海底の形状

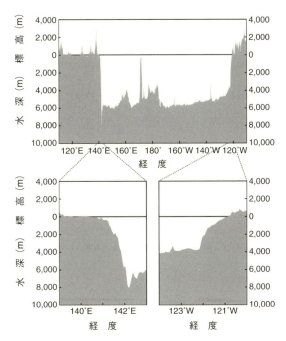

図1.4 北緯35°22′に沿った海底地形図
（上図）東経110°から西経110°までの図．データはETOPO2．（下図）東経139～143°（左）と，西経124～120°（右）を拡大．

西経110°（米国カリフォルニア州）までの海底形状を示す．東西境界付近の経度4°分は縮尺を拡大して示した．西側では黄海，対馬海峡，東京湾を横切っているが，水深がごく浅いため，この縦軸の縮尺では明瞭ではない．東経142°付近の水深8,000 mに達する地点が伊豆・小笠原海溝である．海溝より東側に水深6,000 mの深海平原が続く．東経160°付近の浅い部分が**シャツキー海膨**（Shatsky Rise）である．比較的広い面積で海底が隆起した地形を**海台**（plateau）ともよぶ．東経170°付近の海面近くまで伸びる地形は，**天皇海山列**（Emperor Sea Mounts，北西太平洋海山列ともよぶ）に属する**海山**（sea mount）である．その東の日付変更線付近にも海膨があり，その東側にふたたび深海平原が北米大陸まで広がっている．

北米大陸に近づくと西経122°付近で急激に浅くなりはじめる．この深海平原から大陸斜面に移行する遷移域が**コンチネンタルライズ**（continental rise）で

7

第 1 章 地球の海

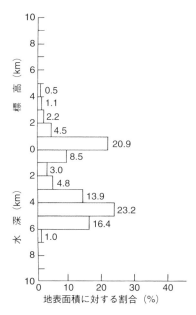

図 1.5 地形と地表面積の割合

陸と海の地形を 1 km ごとの高さと深さで区切り，その面積を地表面に対する割合（％）で示した．（The Oceanography Course Team, 1989a）

あり，東側に**大陸斜面**（continental slope）が続く．この海域では明瞭ではないが，水深 200 m ほどになると傾斜がさらに緩やかになる海域がある．沿岸から水深 10〜200 m 深までの傾斜が緩やかな海域を大陸棚とよぶ．

図 1.3 や図 1.4 から，外洋域の海の深さは 4,000〜6,000 m であり，深海平原の面積が広いことがわかる．実際，図 1.5 に示した地球の固体表面の高さ・深さの 1,000 m ごとの面積の割合から，このことが確かめられる．海洋では，4,000〜5,000 m の面積が一番広く，全地表面の約 23％ を占めている．海洋のほとんどは 3,000〜6,000 m の水深であり，それより深い海域は海溝域に限られ，面積的にはごく狭い．一方，陸上では 0〜1,000 m の面積が一番広く，約 21％ を占める．

海山は海底火山により形成されたものである．海底火山が特定の**ホットスポット**（hot spot）でできると，海山の連なりである**海山列**（sea mount chain）などの特徴的な地形ができる．この海山列で有名なのは，ハワイの北西からカムチャッカ半島に伸びる**ハワイ海山列**（Hawaiian Sea Mounts）と，先に述べた

天皇海山列である．

　このような海底地形の形状は，海水の流れを規定しているきわめて重要な要素である．そのため，たとえ海洋表層部に興味があったとしても，対象海域の海底地形を詳しく知ることがまず重要となる．海洋表層で観察される現象に，海底地形の影響があることは珍しくない．

1.5　海底地形の観測

1.5.1　水深の計測

　海の水深を計測することを**測深**（sounding）という．20世紀中ごろまでは，船舶から錘を着けたロープやワイヤーを垂らして計測する錘測（すいそく）が行われていた．錘測は，船を止めて行わなければならないこと，流れによりロープやワイヤーが斜めになったりすること，錘の着底の検出には熟練を要すること，時間がかかることなどの欠点があった．

　19世紀の半ば，海中ではおよそ1,500 m/sの速さで伝搬する音波を利用した測深が導入されはじめた．この方法を**音響測深**（echo sounding）という．船底に取り付けた送受信機から発射した音波が，海底に反射して帰ってくるまでの時間を計測し，種々の補正を施すことで正確な水深を得ることができる．補正とは，送受信機の深さ，潮汐や波浪の影響などを考慮することである．水深が深いほど問題になるのが音波の伝搬速度であり，水温や塩分，圧力のデータを用いて精密な音速の分布を得ておく必要がある（音速については2.5節参照）．

　当初は1組の送受信機からビームを発射するシングルビーム音響測機が用いられていた．シングルビームでは航走中も計測できるが，船舶直下の情報しか得られないこと，ビームの幅が広いため海底の広い領域の平均の深さしか得られないという欠点があった．この欠点を克服したのがマルチナロービーム音響測深機である．音波のビームの広がりを狭める工夫をしたうえで，さらに多数（10〜60台）の送受信機を配置し，航走方向に対し直交する線上の海底地形を計測するものである．この測器の開発により，海底地形の面的な計測が飛躍的に進んだ．現在は，電気的にビームの方向を変える測深機も開発されている．

1.5.2 水深データ

　海洋の水深データは船舶の安全な航行や海底資源の利用のためにとどまらず，研究にも教育にも利用される必要がある．広大な海洋であるため，各国が所有する水深のデータを収集し，最も包括的で正確な水深データを提供することが行われている．この取組みは，**国際水路機関**（International Hydrographic Organization：IHO），**政府間海洋学委員会**（Intergovernmental Committee for Ocean：IOC）などが共同で行っているもので，**GEBCO**（General Bathymetric Chart of the Ocean，大洋水深総図）計画とよぶ．図1.3は，GEBCOが提供しているデータ解像度が緯度・経度2′ごとの，ETOPO2とよばれるデータから作成したものである．

第2章 海水の性質

　海は地球表層の水の97%を海水として貯えている．水のもつ大きな溶解力により，海水には大量の物質，とりわけ塩類が溶けている．海水の密度は，水温，塩分，圧力の関数で決まり，塩類の存在のため最大密度や結氷温度は淡水とは異なっている．海中では電磁波は伝搬できず，海洋内でのリモートセンシングには音波を使う必要がある．

2.1 地球表層の水とその循環

　地球表層には大量の水が存在している．図 2.1 は地球表層に存在する水の量（単位は 10^{15} kg）と出入りする量（単位は 10^{15} kg/yr）を示したものである．以下，単位を付けずに数値のみで記す．海洋に貯えられている水の量は，1,322,000 であり全体の約 97% を占める．大陸上に存在する水は，氷床や雪氷，湖沼水や河川水，そして地下水として 38,000 存在する．大気に存在する水は，水蒸気や雲粒（水滴や氷の結晶）として 13 存在している．すなわち，大気中には地球表層の水のたった 0.001% しか存在していないのである．

　地球表層の水はつねに循環している．ある物質が，単位時間にある場所（系）からある場所（系）へと移動する量のことを**フラックス**（flux，流束と訳されることもある）とよぶ．図 2.1 には，このフラックスも示してある．たとえば，海洋からは，1年に 336 の水が大気へと蒸発し，そのうち 300 は降水となって直接海洋に戻る．残りの 36 は大陸に運ばれる．大陸では，1年に 100 の降水が

第 2 章 海水の性質

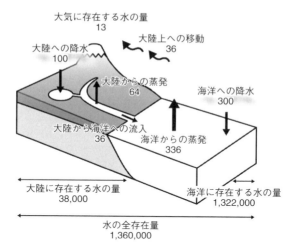

図 2.1 地球表層の水の存在量とフラックス
単位は,存在量が 10^{15} kg,フラックスは 10^{15} kg/yr (The Oceanography Course Team, 1989b. 原図はカラー)

あり,直接大気へ 64 が蒸発し,海へ 36 流出する.

　すなわち,海洋は 1 年に蒸発で 336 水を失い,降水として 300 を,河川からの流入で 36 獲得していることになる.大気からみると,海洋からの蒸発で 336,大陸からの蒸発で 64 獲得するので,1 年に 400 の水が大気に加わっている.一方で,大気は降水として海洋へ 300,大陸へ 100,合計で 1 年に 400 失っている.大陸からみると,100 降水で獲得するも,大陸上で 64 蒸発し,海洋へ 36 流出する.すなわち,海洋も大気も,そして大陸も,1 年間に出入りする水の量は釣り合っているのである.水のこのような出入りのことを,**水収支**(water budget)とよぶ.

　地球上の水の循環は全体でみると収支は釣り合っているものの,局所的にみると均衡が大きく破れていることがある.また,その不釣合いの程度が年々変動していることもある.水の蒸発や水蒸気の凝結に熱が大きく関与することから,水の移動に伴い熱も移動することになる.このような観点から地球上の水循環がどのようになっているのか,その循環が時間とともにどのように変動,変化するのかは,環境を考えるうえできわめて重要な課題である.現在でも,地球上の水循環とその変動や変化を詳細に知ることは,重要な研究テーマとなっ

ている.

2.2 水の性質

　次節に述べるように，海水には大量の物質が含まれ，マクロには淡水とは大きく異なる性質をもっているが，まずは水そのものの性質をみていく.

　水分子（H_2O）は，2つの水素原子（H）と1つの酸素原子（O）からなる.図2.2に示すように，2つの水素と酸素は直線状に並んでいるのではなく，酸素を中心におおよそ105°の角度で結びついている．したがって，ミクロには酸素側がマイナスの電荷，水素側がプラスの電荷をもっているとみることができる．このため，マイナス側とプラス側が引き合い（水素結合），液体の水では，数個から数十個の水分子がつながったクラスターを形成している．液体としての水は，このクラスターができたり壊れたりして，水分子やクラスターの向きはつねにランダムな状態になっている．

　このような液体としての水にエネルギーを加えていく（加熱）と，クラスターが壊れ，1個の水分子が表面から飛び出すようになる．この状態が水蒸気，すなわち気体としての水である．一方，エネルギーを奪う（冷却）と，水分子は運動を次第に止めて水分子どうしが互いに結合し，固体（氷）となる．酸素に対して水素原子が105°の角度をなしているので，ほぼ6個の水分子で環状の組織をつくることができる．したがって，固体は液体のときよりも整然とした配

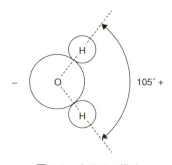

図 2.2　水分子の構造
水はマクロにみれば中性だが，酸素を中心に水素が 105° の角度で結合しているため，ミクロにみると電荷をもっているかのように振る舞う．

第 2 章　海水の性質

表 2.1　水の特異な性質の例

項　目	他との比較	地球科学的・生物学的意義
比　熱 4.18×10^3 J/kg ℃	液体アンモニアを除き最大	極端な温度変化を抑制する/水の移動に伴う熱の移動は大きい/体温を一定に保つのに有利
融解の潜熱 3.33×10^5 J/kg	液体アンモニアを除き最大	潜熱の吸収や放出により，結氷点付近で温度を一定に保つ役割をもつ
蒸発の潜熱 2.25×10^5 J/kg	すべての物質中最大	水蒸気の輸送は熱の輸送と等価であり大気中での水と熱の輸送にきわめて重要
表面張力 7.2×10^9 N/m	すべての液体で最大	細胞生理学上きわめて重要/海面で表面張力波を発生/しぶきの形成や水滴の落下に重要

(The Oceanography Course Team (1989b) の Table 1.1 より一部を改変のうえ抜粋引用)

列となり，分子間に隙間ができることになる．これが液体の水よりも固体の氷の体積が約10％増加することの理由である．クラスターの形成や破壊など，液体としての水分子の挙動はまだ不明な点が多いとされ，現在，実験的にも数値的にも多くの研究がなされている．

　表2.1は水のマクロな性質をまとめたものである．この表には，**比熱**（specific heat），**融解の潜熱**（latent heat of fusion），**蒸発の潜熱**（latent heat of evaporation），**表面張力**（surface tension）の4つの性質を挙げている．いずれの物性値も，ほとんどの物質のなかで最大値をとっている．地球科学的および生物学的な意義はきわめて大きい．地球表層ではありふれた存在の水であるが，その性質は液体のなかでもきわめて特異な性質をもっているのである．

2.3　海水の組成

2.3.1　海水に溶存している物質

　海水には多くの物質が溶け込んでいる．現在，天然元素92種のすべてが溶けていることが確認されている．表2.2に海水中で存在量が多い上位15種の元素について，その濃度（mg/L あるいは ppm（parts per million の略，100万分比）），海水中での存在形態，推定されている全海洋での総量について示す．

　海水中に含まれる物質は，**主要成分**（major constituent），**栄養塩**（nutrient），気体，微量元素に分けることができる．ここで主要成分とは，**イオン**（ion）の状態で存在している物質のことである．表2.3におもなイオンを示す．

2.3 海水の組成

表2.2 海水中に含まれる存在量の多い元素（上位15位まで）

元素	化学記号	濃度 (mg/L)	海水中でのおもな存在形態	海洋中の総量 (10^3 kg)
塩素	Cl	1.95×10^4	Cl^-	2.57×10^{16}
ナトリウム	Na	1.077×10^4	Na^+	1.42×10^{16}
マグネシウム	Mg	1.290×10^3	Mg^{2+}	1.71×10^{15}
硫黄	S	9.05×10^2	SO_4^{2-}, $NaSO_4^-$	1.20×10^{15}
カルシウム	Ca	4.12×10^2	Ca^{2+}	5.45×10^{14}
カリウム	K	3.80×10^2	K^+	5.02×10^{14}
臭素	Br	67	Br^-	8.86×10^{13}
炭素	C	28	HCO_3^-, CO_3^{2-}, CO_2(気体)	3.70×10^{13}
窒素	N	11.5	N_2(気体), NO_3^-, NH_4^+	1.50×10^{13}
ストロンチウム	Sr	8	Sr^{2+}	1.06×10^{13}
酸素	O	6	O_2(気体)	7.93×10^{12}
ホウ素	B	4.4	$B(OH)_3$, $B(OH)_4^-$, $H_2BO_3^-$	5.82×10^{12}
ケイ素	Si	2	$Si(OH)_4$	2.64×10^{12}
フッ素	F	1.3	F^-, MgF^+	1.72×10^{12}
アルゴン	Ar	0.43	Ar(気体)	5.68×10^{11}

（The Oceanography Course Team（1989b）の Table 6.1 より一部を改変のうえ抜粋引用）

表2.3 海水のおもなイオン

塩を構成するイオン	記号	イオン濃度 (g/kg または‰)	イオン全体に占める重量の割合(%)	累積した重量の割合(%)
塩化物	Cl^-	18.980	55.04	55.04
ナトリウム	Na^+	10.556	30.61	85.63
硫酸	SO_4^{2-}	2.641	7.68	93.33
マグネシウム	Mg^{2+}	1.272	3.69	97.02
カルシウム	Ca^{2+}	0.400	1.16	98.18
カリウム	K^+	0.380	1.10	99.28
炭酸水素	HCO_3^-	0.140	0.41	99.69
臭化物	Br^-	0.065	0.19	99.88
ホウ酸	$H_2BO_3^-$	0.026	0.07	99.95
ストロンチウム	Sr^{2+}	0.013	0.04	99.99
フッ化物	F^-	0.001	0.00	99.99
合計		34.482	99.99	99.99

1 kg の海水中に含まれるイオンの重量. （Sverdrup, *et al.*, 1942）

第 2 章　海水の性質

　塩素イオンとナトリウムイオンが圧倒的に多く，全重量の約 86% を占め，上位 6 つのイオンまで含めると 99.99% を占める．すなわち，表 2.3 に示した以外にも多数のイオンが存在するが，すべてを合わせても 0.01% にも達しない量である．この表で，イオンを陰イオン（anion）と陽イオン（cation）とに分けて総和を取ると，陰イオンが 21.796‰，陽イオンが 12.686‰（per mil，1 千分比）となる．すなわち，海水中には陰イオンが陽イオンよりも多数存在していることがわかる．

　栄養塩は，リン（P），窒素（N），ケイ素（Si）からなる化合物をさす．海洋の生態環境，とくに植物プランクトンの繁殖に大きな制約を与えるものである．重量的には 100 万分の 1（ppm）のオーダーときわめて低濃度である．栄養塩は海域の差異が大きく，海洋の生態環境を左右しているきわめて重要な要素となる．

　表 2.2 からもわかるように，海水中には気体も溶け込んでいる．酸素（O_2），二酸化炭素，窒素（N_2），そして他とは反応しない **希ガス**（rare gas）に分類されるアルゴン（Ar），ネオン（Ne），ヘリウム（He）などである．このうち海水中の酸素を **溶存酸素**（dissolved oxygen）とよぶ．溶存酸素は有機物の酸化などで次第に消費されるため，海水の時間経過の指標ともなっており，海水の循環の場を考察するとき重要な情報となる．海洋観測で採水して水の分析をするときは，この溶存酸素の計測は必須項目となっている．

　海水の **水素イオン濃度**（pH）はおおよそ 8.2～8.1 であり，弱アルカリ性である．産業革命以降の化石燃料の大量消費により大気中で二酸化炭素が増加し，それに伴って海水に溶け込む量が増え，その結果表層水の pH が低下していることが報告されている（14.4.2 項参照）．

2.3.2　塩　　分

　前項に述べたように，海水に溶けている物質のほとんどがイオン化されたものである．海水を採取し煮詰めていくと，**塩化ナトリウム**（NaCl），**硫酸カルシウム**（$CaSO_4$），**炭酸カルシウム**（$CaCO_3$）などの塩となって固形化する．この固形化する現象を **析出**（precipitation）とよぶ．

　以下，**塩分**（salinity，記号では S で表現する）の説明に移るが，その定義を厳密に表現することはせずに，定義の変遷が追えるように記述する．厳密な定

2.3 海水の組成

義は，より専門のテキストや論文を参照されたい．

最初の塩分の定義は，「1kg の海水を煮詰めたときに析出するすべての固形物の重さ（g）の海水 1kg に対する比」である．したがって，塩分を"35 g/kg"，あるいは千分比（‰）を用いて"35‰"と表現した．なお，原義から"塩分"は比を表しているので"塩分濃度"という用語は誤りである．

19 世紀半ばの英国の海洋観測船チャレンジャー号による世界一周の探検で，世界の海洋での海水の組成解析が行われた．この結果，塩分は海域によって異なるものの，含まれる主要成分（塩類）の比は一定であることがわかった．すなわち，主要成分の 1 つを計測すれば塩分を推定できることになる．選ばれた成分は塩素である．1960 年代までは，銀滴定法とよばれる化学反応を利用した方法で塩素を計測し，計算式を用いて塩分に換算した．これは海水中に含まれる塩類の量を計測で求めているので，当時使われていた用語ではないが，**絶対塩分**（absolute salinity）ともよべるものである．

1960 年代になると，海水の**電気伝導度**（conductivity）を精密に計測できるようになり，そのため，**ユネスコ**（United Nations Educational, Scientific and Cultural Organization：UNESCO，国際連合教育科学文化機関）は 1978 年，塩分の定義を変更した．新しい定義の塩分を**実用塩分**（practical salinity）とよび，"塩分 35"あるいは**実用塩分単位**（practical salinity unit：psu）を付けて"塩分 35 psu"と表現した．単位が付かなくなったのは，15℃における基準となる 35‰ の海水の電気伝導度と，計測したい試料の電気伝導度との比を用いているためである．すなわち，計測したい海水試料と基準海水の電気伝導度の比がわかれば，海水の試料の水温と電気伝導度比の多項式を用いて塩分を計算できる．

研究船などで実際に電気伝導度を計測している測器は CTD（電気伝導度水温水深計，12.2 節参照）である．研究船では，ワイヤーで海中を降下させながら電気伝導度を計測し，船上の計算機で塩分を計算している．より精密な塩分計測のために現場で採水し，船上で同じ原理であるがさらに性能の良い塩分計により値を求め，CTD の校正を行っている．現在，塩分は 0.001 程度の精度で計測されている．

実用塩分の精度は高いものの，それでも絶対塩分とは異なることが指摘されてきた．そこで 2010 年，ユネスコは再度塩分の定義を絶対塩分に改正することを決めた．しかしながら，絶対塩分を簡便（電気的）に直接計測する手法は見

出されておらず，これまでどおり実用塩分を計測して換算や補正をすることが行われている．この件に関しては，ここではこれ以上触れない．

以上のような塩分の定義の変遷は，海水があらゆる種類の物質を大量に溶解させることができるという性質からくるものである．なお，塩分の定義に従って，以下に示す密度の計算式にも変遷がある．

2.4 海水の密度

2.4.1 海水の状態方程式

淡水の**密度**（density，ギリシア文字 ρ（ロー）で表現することが多い）は，**水温**（temperature：T）と**圧力**（pressure：p）で決まる．一方，海水は多量の塩類を含むため，密度は水温と圧力，そして塩分の関数となる．密度を決める式を**状態方程式**（equation of state）とよぶ．実際の式はここには示さないが，現在使用している実用塩分を用いた状態方程式は，ユネスコが 1981 年に提案した式である．この式は実験式で，水温，塩分，圧力の多項式で表現された"非線形"の式である．この非線形性のために，同じ密度であるが水温と塩分の組合せが違う 2 種類の水を混ぜると，密度が大きくなってしまうという，奇妙なことが現実の海で起こることになる（第 5 章参照）．

気体に比べ液体は，圧力による収縮や膨張の程度は小さく，しばしば理論的な考察では非圧縮性を仮定することもある．すなわち，密度一定の仮定である．しかしながら，観測データの解析では圧縮性の効果も重要であるので，これを考慮する必要がある．水温 20℃，塩分 35 の海水の密度（重量）は $1,027\,\mathrm{kg/m^3}$ であるが，1,000 m（約 100 atm）深く（圧力が高く）なるごとに，この水の密度は 0.4% ずつ高くなる．すなわち，4,000 m の深さではおおよそ $1,046\,\mathrm{kg/m^3}$ となる．

さて，海水の密度は単位体積（$1\,\mathrm{m^3}$）あたり 1,000 kg を超えるが，変動幅はせいぜい数十 kg の増減でしかない．そこで，密度場の記述のときにはこの 1,000 kg をあらかじめ差し引いて表現することが多い．この 1,000 kg を引いたものをギリシア文字 σ（シグマ）を用いて表現することが多い．

2.4.2 温位とポテンシャル密度

気体と同様，液体も圧力が加わって収縮すると温度が高くなる．深いところの海水はこの圧力のために大気圧（1 atm）下での水温よりも高い水温を取ることになる．水が存在している状態での水温を**現場水温**（*in situ* temperature）とよび，密度も同様に**現場密度**（*in situ* density）とよぶ．

一方，後の章で述べるような，水塊の形成や移動の考察のためには，おもに水塊が形成された表層における水温や密度を考察したいことがある．その場合，ある深さで計測した現場水温や現場密度を，1 atm の下での温度や密度の値に直すと便利である．この温度を**ポテンシャル水温**（potential temperature）または**温位**とよぶ．気象学の温位とまったく同じ概念の用語である．この温位で密度を計算したものを**ポテンシャル密度**（potential density）とよぶ．なお，"密度位" という用語はない．

水温は T で表現するが，温位を表すときにはギリシア文字 θ（シータ）を用いることが多い．また，ポテンシャル密度には，温位で計算した密度という意味で，σ_θ（シグマ・シータと読む）を用いることが多い．

図 2.3 に，日本の南，世界最深点と考えられているマリアナ海溝で計測され

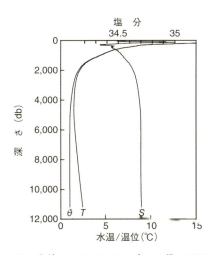

図 2.3 東経 142.59°，北緯 11.36° で 1992 年 12 月 1 日に，白鳳丸で観測された水温（T），温位（θ），塩分（S）の鉛直分布
水温は 15℃ までの範囲で描いた．（データは World Ocean Database からダウンロード）

た，海面から海底までの水温，塩分，温位の分布を示す（Taira et al., 2005）．深くなるにつれて水温と温位の差は大きくなり，深さ 10,000 m ではその差は 1.2℃ にも及ぶ．この図のように縦軸に深さ，横軸に諸量の大きさを取って作図したものを**鉛直分布図**（vertical profile）とよぶ．

なお，この CTD 計測は，学術研究船白鳳丸（第 12 章参照）に搭載されているチタン製のワイヤーで行われた．通常の鋼鉄製のワイヤーでは，ワイヤー自身の重さで切れてしまうので，このような深海までの計測は不可能なのである．

2.4.3　海水の結氷・融解点温度と最大密度温度

1 atm の下では淡水は 4℃ で最大密度を取り，それより水温が高くとも低くとも密度は小さくなる．一方，海水は大量の塩類を含むため，この事情は異なる．図 2.4 に最大密度となる水温の塩分依存性の図を示す．また図には，**結氷・融解点温度**（temperature of freezing/melting point）の塩分依存性も示してある．最大密度となる水温は，塩分が高くなるにつれて下がり，塩分 10 では 2℃，塩分 20 では 0℃ 以下となる．一方，結氷点温度も塩分が高くなるにつれて下がり，塩分 10 では −0.5℃，塩分 20 では −1.3℃ となる．この 2 つの直線は塩分 25 付近で交わり，これより高塩分では結氷・融解点が最大密度温度よりも高くなる．また，海水の平均塩分である 35 では，結氷点温度は −2℃ であることもわかる．

−2℃ では海水は凍ってしまうため，これより低い水温は実現しない．このこ

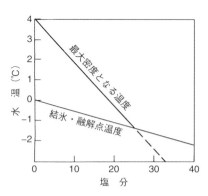

図 2.4　結氷・融解点温度と最大密度となる温度の塩分依存性
(The Oceanography Course Team, 1989b)

とを利用して，一般船などで計測した海面水温資料の**品質管理**（quality control：QC）では，水温は $-2 \sim 35°C$ の値を取るはずであるとし，この範囲から外れた水温資料は使わないとすることもある．すなわち，$-2°C$ 以下の水温の資料は計測ミス，あるいは記載ミスであるとし，以後の解析から除外してしまうのである．

2.5　海水中の音波

　空気中の**音波**（sound wave）の速さ，すなわち**音速**（sound speed）は，$0°C$ のおよそ $330\,\mathrm{m/s}$ から $35°C$ の $350\,\mathrm{m/s}$ である．一方，海水中ではおおよそ $1,500\,\mathrm{m/s}$ と，空気中よりも 5 倍ほど速い．海水中の音速は，水温，塩分，圧力によって決まる経験式で求められている．この式によると，塩分の効果は水温や圧力の効果に比べ小さい．

　塩分 35 を仮定すると，水温が $1°C$ 高くなるごとに，$0°C$ 付近で $5\,\mathrm{m/s}$，$25°C$ 付近で $2\,\mathrm{m/s}$ 速くなる．一方，圧力は $1\,\mathrm{atm}$（$10\,\mathrm{db}$，水深にして約 $10\,\mathrm{m}$：db は deci bar の略．圧力の単位であるが，水深では近似的に m で表した値とみてよい）高くなるごとにおよそ $0.16\,\mathrm{m/s}$ 速くなる効果をもつ．すなわち，$6,000\,\mathrm{db}$（m）の深さではおおよそ $100\,\mathrm{m/s}$，$12,000\,\mathrm{db}$（m）の深さではおおよそ $200\,\mathrm{m/s}$ だけ音速が速くなる．一般に水温の鉛直分布は表層ほど高く，深くなるほど低くなる．一方，圧力は海面から深くなるほどほぼ単調に増加する．したがって，音速の鉛直分布は，水温が高い海面付近で速く，水温が低くなるにつれて遅くなり，さらに深くなると圧力の効果が勝ってまた速くなっていくのが一般的な鉛直分布である．すなわち，ある深さのところに音速が極小になる層が存在することになる．この層のことを**音速極小層**（sound speed minimum layer, あるいは SOund Fixing And Ranging を略して SOFAR チャンネル）とよばれる．

　音波がこの極小層付近に侵入するとこの層付近に捕捉され，減衰することなく遠くまで伝搬できる．このような性質を利用して，海洋内部構造を音波によってリモートセンシングする試みも行われてきた（12.4 節参照）．このような手法を**音響断層学**（acoustic tomography）とよんでいる．海水中では電磁波は伝搬できないので，音波が唯一のリモートセンシングの手段である．

第3章 地球の熱収支

　地球は，太陽から可視光線で熱エネルギーをもらい，同じ量のエネルギーを赤外線で宇宙空間へと放出している．地球は球面であり，かつ公転軌道面に対し自転軸が 23.5°傾いているため，緯度により，また季節により入射する熱エネルギーが異なる．地球が受け取った熱は大気や海洋の運動により低緯度から高緯度へと輸送されるので，地球表層の環境は時間的にも空間的にも緩和されている．海洋における熱輸送量は，大気のそれに匹敵する大きさである．

3.1 太陽放射と地球放射

　あらゆる物体はその表面温度に依存した**電磁波**（electromagnetic wave）を放射している．温度に対する波長ごとの電磁波エネルギーの強度は，**プランクの放射法則**（Planck's radiation law，あるいはプランクの公式）で表される．図 3.1 にいくつかの表面温度に対する電磁波の放射強度分布を示す．表面温度が高くなれば高くなるほど，放射されるエネルギーの総量が大きくなること，また，最も強くエネルギーを放射する電磁波の波長が短くなることがわかる．

　ある表面温度で放射する単位面積あたりの放射エネルギーの総和は，以下に示す**ステファン・ボルツマンの法則**（Stefan-Boltzmann's law）で表される．

$$I = \sigma T^4 \tag{3.1}$$

ここで，σ はステファン・ボルツマン定数で 5.67×10^{-8} W/K^4 m^2，T は絶対温度（K）である．上記の式は，物体が**黒体**（black body）の場合であり，そう

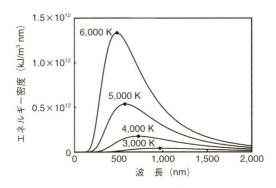

図 3.1 黒体から放射される電磁波エネルギーのスペクトル
曲線上の黒丸は，その温度で放射エネルギーが最大の点を示す．

でないときは，右辺に**射出率**（emissivity，**放射率**ともいう）をかける（補正する）必要がある．

最大エネルギーを放射する波長 λ（μm）は，物体表面の絶対温度 T を用いて，近似的に以下のように求められる．

$$\lambda = \frac{2,898}{T} \tag{3.2}$$

この式を**ウィーンの変位則**（Wien's displacement law）とよぶ．したがって，表面温度がおおよそ 6,000 K の太陽から放射される最大エネルギーの波長を求めると，おおよそ 0.5 μm となる．一方，地表面の平均温度はおおよそ 14℃ であるので絶対温度で約 287 K とすると，地球が放射する最大エネルギーの波長はおおよそ 10 μm となる．

太陽が放射する波長 0.5 μm 付近の電磁波とは**可視光線**（visible light，0.4～0.75 μm）であり，地球が放射する波長 10 μm 付近の電磁波とは**赤外線**（infrared，0.75～1,000 μm，10 μm 付近の波長帯は熱赤外線ともよばれる）である．気象学の分野では，この波長帯の違いにより，**太陽放射**（solar radiation）のことを**短波放射**（shortwave radiation），**地球放射**（earth's radiation）のことを**長波放射**（longwave radiation）とよぶことが多い．本書でも，文脈の関係でわかりやすい用語のほうを用いることとする．

地球は球面であり，かつ，公転軌道面の直角方向から回転軸を 23.5° 傾けているので，地球の各地点で入射する太陽放射量は緯度方向の変化とともに季節

第 3 章 地球の熱収支

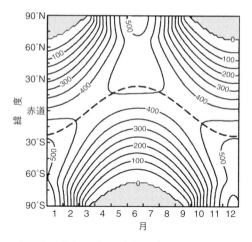

図 3.2 太陽光に垂直な面での大気上端における太陽放射の日平均エネルギー（W/m²）の緯度・季節変化
図中の破線は黄道を示す．（Hartmann, 1994）

的にも変化する．図 3.2 に，**大気上端**（top of atmosphere，仮想的に設定したもの）に入射する太陽放射の緯度・季節変化を示す．低緯度域は 1 年を通して 400～450 W/m² の値であるが，高緯度ほど季節変化が激しい．北半球高緯度域では白夜を迎える夏至に 500 W/m² を超す太陽放射で照らされているが，極夜を迎える冬季は太陽放射がまったく入射しない．事情は南半球高緯度域でも同じであるが，白夜のときの値は 550 W/m² と北極のそれよりも大きい．これは，地球の公転軌道が楕円であり，太陽と最短距離となるのが南半球の夏至の日に近いからである．

さて，極域が白夜のときの大気上端に達する 1 日あたりの太陽放射量は，低緯度域よりも大きな値であるが，そのようなときでも極域はやはり低温である．これは，大気上端に達した太陽放射すべてが大気を通して地表面に到達し，地表面を暖めているわけではないからである．また，たとえ地表面に到達しても，地表面の状態によっては吸収せずに反射してしまうことがある．この可視光線の反射率のことを**アルベド**（albedo）という．アルベドは物質によっても異なり，たとえば雪や氷は反射しやすいので大きな値であり，土壌や海水は小さな値である．また，可視光線の入射角によっても反射してしまうことがある．一般

24

には，高緯度域ほどアルベドは大きく（0.4以上），低緯度域ほど小さい（0.3以下）．地球全体でみると，地球に到達する太陽放射の約30%が可視光線のまま，宇宙空間へと反射している．この惑星全体でとらえたときのアルベドを**惑星アルベド**（planetary albedo）とよび，地球のアルベドは0.3であると表現する．

3.2 熱の移動の形態

　地球上での熱の移動や収支を詳しくみる前に，熱の移動にはどのような形態があるのかをみていく．熱の移動の説明のための模式図を図3.3に示す．

3.2.1 放　　射

　前節に述べたように，すべての物体はその表面温度に依存した電磁波を放射する．すなわち，熱の移動のひとつの形態は**放射**（radiation）である．放射は電磁波の伝搬速度で広がるので実際上は瞬時に起こるとみてよい．放射で熱が移動していることを，われわれも実感することがある．たとえば，お祭などで大規模なたき火をすることがある．暖かい空気に直接当たっていなくても，近づいていくと顔などが火照ってしまう．これは炎が四方八方に赤外線を放射しているからである．

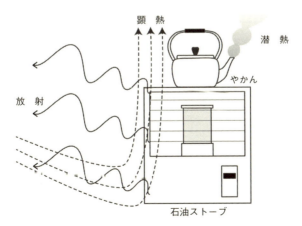

図3.3　熱の移動の3つの形態（顕熱, 潜熱, 放射）を示す模式図

暖を取るための石油ストーブには，対流式と反射式の2タイプがある．反射式は燃焼筒の後面にステンレスの反射板を置いたもので，これも燃焼筒からの赤外線を反射し，ストーブの前面のほうをより効果的に暖めるために工夫されたものである．

3.2.2　顕熱輸送

2つ目の熱の移動は，暖まった空気が移動することによる熱の輸送である．次節で述べるように，大気中へと入射した太陽放射は，直接空気を暖める以上に，地表面に到達して地面や海を暖める．暖まった地表面に空気塊が接触することで空気塊に熱が移動し，空気塊とともに熱が運ばれることになる．このような熱の移動を**顕熱**（sensible heat）輸送とよぶ．真夏の日中，アスファルトの上で陽炎（かげろう）が立っているのを見ることがある．陽炎は暖まった地面に接した空気塊が暖められて軽くなって上昇する現象で，遠くから見ると冷たい空気と暖かい空気の屈折率が異なるため，周辺の景色が揺らいで見えることで起こる現象である．顕熱と名づけられたのは，体感できる，あるいは知覚できる（sensible）熱であるからである．

3.2.3　潜熱輸送

図3.3で，石油ストーブの上に置いたやかんの水は，沸騰した後もずっと温度は一定（1 atmでは100℃）に保たれている．熱はやかんに加えられ続けられているが，その熱はお湯が蒸発する際に使用されているのである．すなわち，液体の水が熱エネルギー（蒸発の潜熱）をもらって気体の水蒸気となっているのである．この水蒸気は空気の流れに伴ってどこかへ移動していく．この水蒸気がどこか別の場所で凝結し水滴になったとき，熱を放出し周囲の物体を暖める．この一連の過程を熱の移動の一形態と考えることができる．このような熱の移動を**潜熱**（latent heat）輸送とよぶ．latentは，潜んだ，あるいは隠れたという意味である．

説明のために沸騰して蒸発する過程を述べたが，自然現象では気温程度の温度でも蒸発は起こる．雨の後の溜まり水がいつしかなくなっているように，また，夏に打ち水した道路がすぐに乾いてしまうように，通常の自然環境でも水の蒸発は盛んに起こっている．

3.3　地球上での熱の移動

　地球へ到達した太陽放射が，地球というシステムのなかでどのような過程を経て最終的に赤外線で宇宙空間へ逃げていくのかを追いかけよう．図3.4に現在評価されている熱の移動の様子を示す．以下，数値の単位はすべて W/m^2 であるので，この節では単位を付けずに数値のみで記述する．

　大気上端へは太陽放射で342の熱が届く．このうち大気中の雲 (cloud) やエアロゾル (aerosol, 浮遊する微粒子)，大気分子により77が地表面に届く前に宇宙空間へと反射される．また，太陽放射の67は大気により直接吸収される．地表面には198到達するが，30はそのまま反射されて宇宙空間へと放射され，残りの168が地表面で吸収される．したがって，地球に入射する太陽放射342のうち107がそのまま宇宙空間へ反射されるので，地球の惑星アルベドは0.31となる．

　受け取った太陽放射で暖まった地表面は，顕熱の24，潜熱の78で大気を温めている．一方，長波放射で390上向きに熱を失う．このうち40は宇宙空間へと放射される．また，大気からの下向き長波放射324が地表面に到達する．

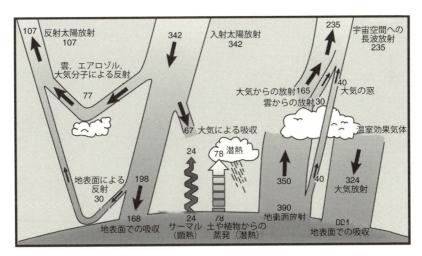

図3.4　年平均・全球平均したときの地球上の熱エネルギー収支
単位は W/m^2．（Kiehl and Trenberth, 1997）

大気上端から宇宙空間へ放射される長波放射は，大気分子から放射される165，雲の頂上から放射される30，地表面から放射される40の総和であり，合計235となる．

　大気上端では，342の太陽放射が到達するが107は太陽放射のまま反射されるので，地球は正味235の太陽放射を吸収したことになる．一方，大気上端から上記のように235を長波放射で宇宙空間へ放出している．すなわち，太陽放射で獲得した量と同じ量を地球放射で宇宙空間へと失っているので，熱エネルギーの観点からは釣り合っているのである．すなわち，地球は暖まり続けることもなく，冷え続けることもしていない．

　いうまでもないが，この図は地球全体で平均したときの熱の移動を示したもので，地球上の各地点で事情が大きく異なること，時間的な変動も大きいことに注意されたい．

3.4　熱の南北輸送

　前節では，地球全体で平均したときの熱の流れをみた．この節では，少し詳しく，地球上での南北分布をみていく．図3.5は人工衛星から計測した地球の放射収支の南北分布である．図には，太陽放射の正味の下向きの成分と，地球

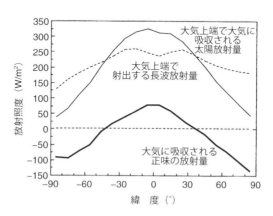

図3.5　年平均した太陽放射と地球（長波）放射の緯度分布，およびその差
（Hartmann, 1994）

3.4 熱の南北輸送

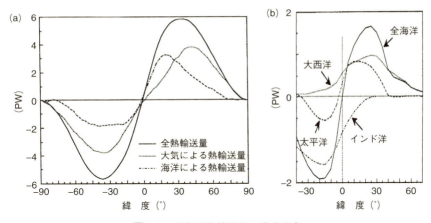

図 3.6 子午面熱輸送量の緯度分布
(a) 大気と海洋，および全熱輸送量の緯度分布．正の値は北向き輸送．(b) 3 大洋における子午面熱輸送量．PW はペタワット（1 PW = 10^{15} W）．なお，熱輸送量の求め方が (a) と (b) とで違っているため，海洋の全熱輸送量にも差異があることに注意．(Hartmann, 1994)

放射の正味の上向き成分が示してある．以下，前節と同じく単位は W/m² であるので，数値のみで記す．

下向き太陽放射は，低緯度域で大きく 300 を超える値であるが，高緯度に向かって小さくなり，極域近傍では 100 を下回る程度となる．一方，上向き地球放射は，赤道域で 240 程度と太陽放射よりも小さいが，高緯度側への減少の仕方は太陽放射よりも小さく，極域近傍でも 100 を下回らない大きさである．両者を比較すると，南北緯度 40° 以内では下向き太陽放射が，それより極域では宇宙空間へ放射される地球放射が大きいのである．図の下側には太陽放射と地球放射の差の南北分布を描いてある．

この図に示された放射収支の不均衡分が，地球の中で熱が輸送されることで解消されているのである．土壌や砂，岩石などを含む固体地球は熱を伝える能力がない（熱伝導が小さい）ので，熱輸送は流体である大気と海洋が担っている．これを大気と海洋による**南北熱輸送**あるいは**子午面熱輸送**（meridional heat transport）とよぶ．

図 3.6(a) に，全熱輸送量，大気による熱輸送量，海洋による熱輸送量の南北分布を示す．北向き輸送を正にとっているので，おおむね北半球は北向きに，南半

第 3 章 地球の熱収支

球は南向きに輸送されていることがわかる．大きさはペタワット（PW, 10^{15} W）のオーダーであり，南北 35°付近で最大となること，また，大気と海洋の輸送量はほぼ同じであることがわかる．従来，海洋がどの程度熱を輸送しているのかの評価がたいへん難しく，海洋の役割はとても小さいのではないのかという議論もあった．ところがここ 20 年ほどの海洋観測の充実により，海洋の熱輸送量が直接評価できるようになり，大気に匹敵する熱を輸送しているとの認識になっている．

図 3.6(b) には，さらに 3 大洋に分けたときの熱輸送量の南北分布を示す．海洋による全熱輸送量は北半球では北向き，南半球では南向きと，"常識"的な分布であるが，個々の海洋をみると様相が変わっている．太平洋こそおおむね北半球は北向き，南半球は南向きであるが，大西洋は南半球でも北向き，インド洋は北半球でも南向きとなっている．どうしてこのような熱輸送になるのかは，海洋循環を知ることで理解される．海洋の大循環は第 6 章で述べる．

第4章 海洋への強制力

　海洋は大気や地殻と接しており，それらとの間で熱や物質，そして運動量を交換している．これらの交換量は，海洋の場を変えるものという意味で"強制力"とみなすことができる．この章ではまず，海面を通した熱，淡水，運動量のそれぞれのフラックスを求める実用的なやり方を解説する．次に，求められたこれら強制力の分布をみていく．

4.1 　海洋への強制力

　海洋は海面で大気と，側面と底面で大陸地殻や海洋地殻と接している．海洋はこれら大気や地殻との間で，熱エネルギーや物質，運動量を交換している．大気とは短波放射，長波放射，顕熱，潜熱のかたちで熱エネルギーをやりとりしている．その過程で，海洋は蒸発により水を失い，一方で降水や河川水の流入により水を得ている．また，大気の運動である風が海面上を吹くことで海面を擦るので，海洋は大気から運動量を得ている．一方，海水の動きは海底を擦ることで運動のエネルギーを失っている．ところで，海水が動くことで大気へ運動量を与えるが，海水の動きが遅いこと，そして大気の運動である風は，別の要因で起こることが支配的であることにより，その量は大気にとっては無視しうる．すなわち，運動量フラックスは大気から海洋への一方通行とみなしてよい．

　大陸地殻や海洋地殻との熱や物質のやりとりももちろん行われているが，こ

れらはほとんどの場合，無視することが多い．たとえば，海底を通しての熱は**地殻熱流量**（terrestrial heat flow）とよばれ，その大きさは場所によって異なるが，数十〜数百 mW/m^2 と見積もられている．海洋地殻が形成される海嶺付近で大きく，海嶺から離れるにつれて，すなわち，海洋地殻が古くなるにつれて小さくなる．平均すれば 100 mW/m^2 程度である．この大きさは海面を通しての熱フラックスに比べると数桁小さな値で，海洋の大規模な水温構造を考えるうえで無視できる大きさとみなされている．

また，海底の**チムニー**（chimney，**噴出孔**）から**ブラックスモーカー**（black smoker）とよばれる熱水の流出も存在する．これらの影響も局所的には考える必要があるが，**海盆**（basin）規模の流動や水温，塩分分布を考察するうえでは，無視できると考えられている．

地殻との物質のやりとりのなかで，塩分を左右する成分に関しても無視できると考えられている．一方で，栄養塩などを含む溶存性の物質に関しては，海底堆積物からの溶出は主要な供給源であり，適切に考慮される必要がある．なお，海洋地殻を形成している海嶺付近から供給されるある種の化学物質は，海盆規模の分布をつくっていることも報告されている．しかしながら，海水の流動の場を可視化しているものの，流動の場に影響を与えているものではないと考えられている．このような物質を**受動的トレーサー**（passive tracer）とよぶ．

河川を通しての水や物質の流入は，考察する対象，すなわち，空間や時間のスケールにより適切に考慮されるべき対象である．

4.2　バルク法

単位断面積（1 m^2）を単位時間（1 s）に通過する物質やエネルギーの量が，**フラックス**である．海面を通しての熱・淡水・運動量フラックスを計算する最も簡便な方法は，**バルク法**（bulk method）である．ここでバルクとはおおまかなという意味である．外洋を航行する船舶は，一定時間ごとに**気温**（air temperature），水温，**湿度**（humidity），**風速**（wind speed），**風向**（wind direction），**気圧**（air pressure），**雲量**（cloudiness）などを計測している．これらの資料を**海上気象資料**（marine meteorological data）とよぶ．バルク法では，このような資料を用いてフラックスを計算できる．なお，淡水フラックスは降水量と蒸発量の差で

4.2 バルク法

あり，バルク法で評価できるのは蒸発量のみである．降水量は別途計測あるいは推定しなければならない．

外洋を航行する船舶による海上気象観測は，19世紀中ごろから組織的に始まった．1853年にベルギーのブリュッセルで開催された第1回海事会議で，船舶は定時にこれらを計測し，日本でいえば気象庁にあたる現業組織に報告することを義務づけたのである．後にそれらの資料がデータセンターに収集され，海洋や気象，気候の研究に使用されることとなった．現在，**米国国立海洋大気庁**（National Oceanic and Atmospheric Administration：NOAA）が作成した**国際統合海洋気象データセット**（International Comprehensive Ocean-Atmosphere Data Set：ICOADS）としてまとめられ，最も包括的なデータセットとして研究者に提供されている．

バルク法では，各種熱フラックスを計算するための経験式が用いられる．式のなかには，**バルク係数**（bulk coefficient）とよばれる無次元の係数が含まれている．この経験式それ自体，そして用いられているバルク係数は，図4.1に示すように，提案した研究者により異なっている．どの式，あるいはどのバルク係数が妥当であるのかを評価することはたいへん難しい．複数の式で計算したり，複数のバルク係数で計算したりすることで，推算した値の幅を誤差として把握するなどの注意が必要である．なお，以下の説明では，下向き海面フラックスを正とする．すなわち海洋の立場では，海洋の熱獲得が正，熱損失が負となる．

バルク式に入れる海上気象資料は，海面から10 mの高さで計測した10分間平均値とされている．この高さで計測されていないときは，**対数境界層**（logarithmic boundary layer）の中で計測したとし，種々の量の高さ分布を仮定して10 m高の値に換算して求めることになる．ただし，実用的には，風速を除き，この換算を行う必要はない．

海面を通しての放射エネルギーのやり取りも，船舶が計測している海上気象資料から推算できる．厳密にはバルク法とはよばないが，経験式から求められるので，ここに含めて解説する．

4.2.1 顕熱フラックス

顕熱フラックス（sensible heat flux）Q_Hは，空気塊が海面と接して熱をやり

第4章 海洋への強制力

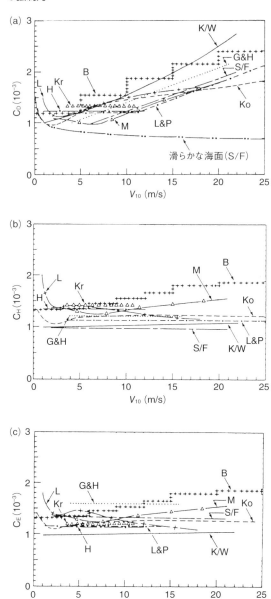

図 4.1 バルク係数の風速依存性
(a) 運動量に対するバルク係数（摩擦係数），(b) 顕熱に対するバルク係数（スタントン数），(c) 潜熱に対するバルク係数（ダルトン数）．V_{10} は 10 m の高さでの風速．図中の英文字は提案した研究者の頭文字であるが，本書では詳細を省略する．(Blanc, 1985)

取りすることで起こる．したがって，顕熱フラックスは海面水温 T_s と気温 T_a の差に比例し，風速 V が速ければ速いほど単位時間に接する空気塊が増えるので，風速にも比例するだろうと考えられる．通常，顕熱フラックスは，次のバルク式で推算されている．

$$Q_H = -\rho_a C_p C_H V (T_s - T_a) \tag{4.1}$$

式のマイナスの符号は，下向きフラックスを正に取っているためである．ここで，ρ_a は空気の密度，C_p は定圧比熱，C_H は顕熱に対するバルク係数（スタントン（Stanton）数ともよばれる）である．図 4.1 (b) に，C_H の風速依存性を示す．C_H の大きさは 10^{-3} 程度であり，図 4.1 (a) に示した運動量に対するバルク係数 C_D と異なり，風速に大きくは依存しないとされている．なお，陸上で生活しているわれわれの感覚とは異なり，通常，ほとんどの海域で気温よりも海面水温が高い（$T_s - T_a > 0$）ので，顕熱フラックスは負の値となり，すなわち熱は海洋から大気へと輸送されている．

4.2.2 潜熱フラックス

潜熱フラックス（latent heat flux）Q_E の推算も顕熱と同じような考え方で求められる．海は海面水温と同じ温度をもつ湿度 100% の空気塊，すなわち，飽和比湿 q_s をもつ空気塊と考える．これに大気側の比湿 q_a をもつ空気塊が接触することで，ある割合で水蒸気をやり取りするとして，蒸発量を求めるのである．それに単位質量あたりの蒸発の潜熱 L をかけることで，潜熱フラックスを求めることができる．

$$Q_E = -\rho_a L C_E V (q_s - q_a) \tag{4.2}$$

ここで，C_E は潜熱に対するバルク係数（ダルトン（Dalton）数ともよばれる）である．図 4.1 (c) に示したように，C_E は C_H と同じ程度の大きさであり，風速依存性も小さいとされている．顕熱フラックスと同様，ほとんどの海域で $q_s > q_a$ であるので，潜熱フラックスは負の値となり，すなわち熱は海洋から大気へと輸送されている．

なお，顕熱フラックスも潜熱フラックスも，大気が海面と接触することで熱や水蒸気がやり取りされるので，大気中の乱流状態が本質的な役割を担ってい

ると考えることができる．そのような意味で，顕熱フラックスと潜熱フラックスの和を**乱流熱フラックス**（turbulent heat flux）とよび，以下の項で述べる**放射フラックス**（radiation flux）と区別することがある．

4.2.3　正味短波放射フラックス

海面での正味の短波放射フラックス Q_S は，その時刻に太陽から届く大気上端における短波放射フラックス Q_{S_0}，雲量（通常は十分比を用いる）C，海面のアルベド α（反射率）を用いて以下の式で推算される．

$$Q_S = (1-\alpha)Q_{S_0}(1-AC) \tag{4.3}$$

ここで A は経験定数である．海面のアルベド α は，おおよそ 0.04 である．すなわち，海水はきわめて黒体に近い性質をもっている．晴天時に地表面に達する短波放射量（Q_{S_0}）は，時間と場所がわかれば計算で一義的に求めることができる量である．

このバルク式の意味はわかりやすい．大気上端に達した短波放射フラックス Q_{S_0} は，雲の存在によって妨げられるが，それは雲量 C に依存し，その比例係数が A である．海面に到達した短波放射はアルベド α の海面で反射され，正味 $1-\alpha$ だけ海洋に入る，というものである．

式自体は簡単であるが，A の値はどのような性質の雲が出現するかによって大きく異なることが予想される．出現する雲は海域によっても季節によっても異なるであろう．実際，研究者によってさまざまな値が A に対して提案されている．

4.2.4　正味長波放射フラックス

海面での正味の長波放射フラックス Q_B は，射出率 ε（ギリシア文字のイプシロン）で補正したステファン・ボルツマンの法則から求められる．海面から放射される上向きの長波放射と，大気に含まれる水蒸気などの温室効果気体や雲量 C の雲から放射される下向きの長波放射の差し引きとなる．海面水温や気温，湿度（水蒸気圧）e などを用いて次のような式で推算されている．

$$Q_B = -\varepsilon\sigma T_S^4(a - be^{1/2})(1 - BC) \tag{4.4}$$

ここで a，b，B は経験的に定められるべき係数である．なお，射出率（ε）は，

反射率（α）と $\varepsilon = 1 - \alpha$ の関係にある．したがって，先に述べたように α は 0.04 程度であるので，ε は 0.96 程度である．

正味の長波放射フラックスを求める経験式は，研究者によって大きく異なっているのが現状である．また，上向きと下向きの長波放射はいずれも大きい（おおよそ 400 W/m² 程度）が，その差引きである正味の長波放射量は，どの海域でも一般に小さい．

4.2.5 正味淡水フラックス

海面を通しての正味の**淡水フラックス**（fresh water flux）は，**蒸発量**（evaporation）E と**降水量**（precipitation）P との差（したがって，$E - P$ と表現することがある）である．このうち，蒸発量は潜熱を求める過程で推算している．すなわち，潜熱（Q_E）を蒸発の潜熱（L）で割ることで得られる．

問題は降水量 P の評価である．船舶で降水を計測することはたいへん難しい．降水があるような状況は悪天候なので船が大きく揺れていること，しぶきが盛んに飛んでいることにより，陸上で通常観測しているような転倒枡タイプの計測は精度が悪い．また，海に囲まれた島で計測した降水量も，島の地形が大きく影響し，周辺海域の降水量を代表しているわけではないことも知られている．現在は，人工衛星からの大気中に含まれる水蒸気測定量から推定する方法や，同じく人工衛星に搭載した降雨レーダーの資料から推定するなど，さまざまな工夫を行って推算しているのが実状である．

4.2.6 運動量フラックス（風応力）

運動量フラックス（momentum flux）$\vec{\tau}$（ギリシャ文字のタウにベクトル量を示す矢印）は次式で求められる．海上風は大きさと方向をもつベクトル量であるので，運動量フラックスもベクトル量である．運動量の東西成分（τ_x）と南北成分（τ_y）は，風速 $\vec{V}$ の東西成分を u，南北成分を v とすれば，次式で求められる．

$$\tau_\mathrm{x} = \rho_\mathrm{a} C_\mathrm{D} |\vec{V}| u \tag{4.5}$$

$$\tau_\mathrm{y} = \rho_\mathrm{a} C_\mathrm{D} |\vec{V}| v \tag{4.6}$$

ここで，C_D は運動量に対するバルク係数で，**摩擦係数**（drag coefficient）とも

よばれている．図 4.1(a) に示したように，大きさは 10^{-3} 程度であり，風速が大きくなればなるほどこの係数も大きくなると評価されている．すなわち，風速が速ければ速いほど海面は波立ち，より多くの運動量が海洋に輸送されることを反映している．また，図には示されていないが，海面水温と気温の差などで表現される大気境界層の**安定度**（stability）にも依存している．すなわち，海面水温が気温よりも高いときには不安定な成層であるので，運動量が下方へ輸送されやすい．したがって，摩擦係数 C_D も大きくなると考えられる．

この運動量フラックスは，通常，**風応力**（wind stress）とよばれている．単位は N/m^2 であり，風速 10 m/s のとき，おおよそ $0.1\,N/m^2$ の風応力となる．

4.3　海面熱フラックスの分布

短波放射は昼と夜の日変化もあれば，移動性高・低気圧の通過に伴う数日から 1 週間程度の変動もあり，さらに大きな季節変化もある．同じように，顕熱や潜熱，長波放射もさまざまな時間スケールで大きく変動していることは容易に想像できる．変動の時間スケールはさまざまであるが，ここでは海洋の大規模な成層構造や循環を理解する目的で，**年平均値**（annual mean value）の熱フラックスの分布をみていく．

図 4.2〜4.5 に，それぞれ顕熱，潜熱，短波放射，長波放射の各フラックスの年平均値の分布を示す．

図 4.2(a), (b) に，顕熱フラックスの年平均値の分布と**東西平均値**（zonal mean value）の南北分布を示す．顕熱フラックスは，高緯度の一部を除き，ほぼ全海域で負の値である．すなわち，海洋から大気へ熱が輸送されている．すでに述べたように，海面水温が海上の気温よりも高いことによる．ほとんどの海域で $-20\sim-10\,W/m^2$ であるが，日本周辺，北米大陸東岸沖で大きい．これは，冬季北極域や大陸上で形成された冷たく乾燥した空気が，暖かい海上へと吹き出すためである．東西平均値の南北分布からは，どの緯度帯でも $-25\,W/m^2$ 以下の値であることがわかる．

図 4.3(a), (b) に潜熱フラックスの年平均値の分布と東西平均値の南北分布を示す．潜熱フラックスもほぼ全域で負であり，海洋から大気へと熱が輸送されていることがわかる．顕熱フラックスに比べ値は大きく，南北 25°付近に沿っ

4.3 海面熱フラックスの分布

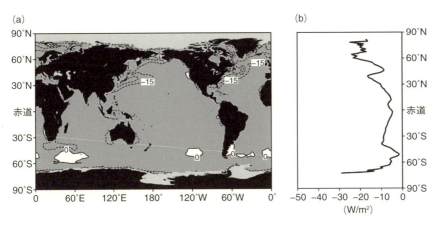

図 4.2 顕熱の年平均値分布 (a) と東西平均値の緯度分布 (b)
(データは Josey et al. (1998) と Grist and Josey (2003) による)

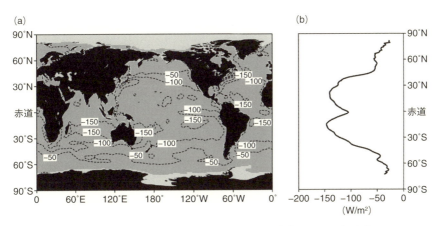

図 4.3 潜熱の年平均値分布 (a) と東西平均値の緯度分布 (b)
(データは Josey et al. (1998) と Grist and Josey (2003) による)

た海域，また，顕熱フラックスと同様，日本周辺海域と北米大陸東岸沖で大きい．後者の海域で大きいのは，顕熱フラックスと同じ理由からで，冬季に冷たく乾燥した空気塊がこの海域に吹き込むことで，大気へ大量の水蒸気が輸送されるからである．南北25°付近で潜熱フラックスが大きいのは，この緯度帯が大気の**ハドレー循環**（Hadley circulation）といわれる対流の下降気流域に対応

39

第 4 章 海洋への強制力

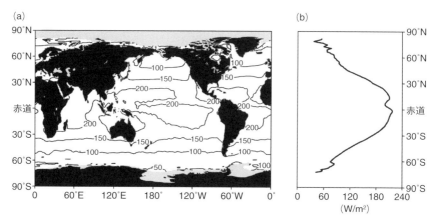

図 4.4 正味短波放射の年平均値分布 (a) と東西平均値の緯度分布 (b)
(データは Josey et al. (1998) と Grist and Josey (2003) による)

するからである．すなわち，この流域は**亜熱帯高圧帯**（Subtropical High）であり，乾燥した上空の空気塊が下降し海面上を吹くことで蒸発が盛んとなり，潜熱を大気へと輸送している．東西平均値の南北分布にもこの特徴がよく表れている．

図 4.4 (a), (b) に短波放射の年平均値の分布と東西平均値の南北分布を示す．短波放射はどの海域でも正であり，海洋が加熱されていることがわかる．低緯度域で大きく $200\,\mathrm{W/m^2}$ を超える海域もある．高緯度になるにつれて値は小さくなり，南北 60° より極側では，$100\,\mathrm{W/m^2}$ を下回る．赤道より北，北緯 5〜10°付近に顕著な極小値が存在している．水平分布からは，太平洋赤道域の東側ら西へと延びる帯状域で極小値を取っていることがわかる．これは，大気の南北両半球のハドレー循環が接して下層で風が収束している熱帯収束帯に対応する（次節参照）．すなわち，熱帯収束帯では常時雲が存在するので，短波放射が海面に到達するのが妨げられているからである．

図 4.5 (a), (b) に長波放射の年平均値の分布と東西平均値の南北分布を示す．長波放射はどの海域も負であり，海洋から大気へと熱が輸送されていることがわかる．大きさは $-70 \sim -50\,\mathrm{W/m^2}$ 程度である．

図 4.6 (a), (b) に，これまで述べてきた熱フラックスの 4 成分の総和，すなわち正味の熱フラックスを示す．フラックスが正，すなわち海洋が熱を獲得し

4.3 海面熱フラックスの分布

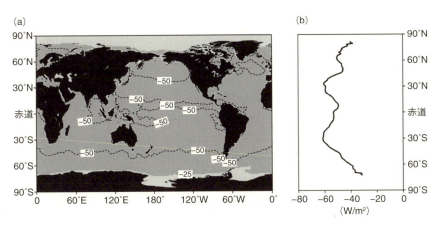

図 4.5 正味長波放射の年平均値分布（a）と東西平均値の緯度分布（b）
（データは Josey et al. (1998) と Grist and Josey (2003) による）

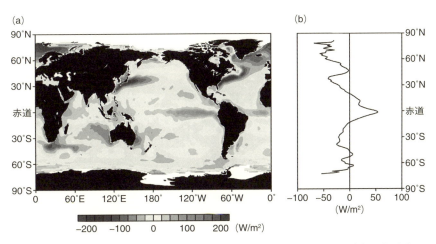

図 4.6 正味の熱フラックスの年平均値の分布（a）と東西平均値の緯度分布（b）
下向きフラックスが正．（データは Josey et al. (1998) と Grist and Josey (2003) による）
（(a) のカラー図は口絵 2 参照）

ている領域は，赤道域と南北 40°付近で，他の領域は海洋が熱を失っている海域であることがわかる．なかでも日本周辺と北米大陸東岸沖は，世界の海洋のなかでも海洋の熱損失がとくに大きい海域であることがわかる．その大きさは，

年平均値で $-150\,\mathrm{W/m^2}$ を超えている．

熱フラックス4成分とその総和である正味の海面熱フラックスの特徴を挙げれば，短波放射と潜熱が卓越していること，顕熱はほとんどの海域で小さいが北半球の大陸東岸沖で大きいこと，北半球の大陸東岸沖の海域が，最も海洋が熱を失っている海域であることなどである．

4.4 淡水フラックス

図4.7に，年平均正味の淡水フラックスの分布を示す（Grist and Josey, 2003）．単位は1カ月あたりの厚さ（mm）で表現している．

低緯度域で降水量が蒸発量よりも多く，緯度25°付近を中心とする中緯度域では逆に蒸発量が多く，緯度40°より高緯度域ではふたたび降水量が多い分布となっている．南北25°付近で蒸発が勝っているのは，潜熱が大きいことと同じ理由である．また，正の淡水フラックスが極大値を取っているのは赤道直上ではなく，北緯5〜10°付近であることに注意されたい．これは，この海域に前節に述べた熱帯収束帯があるためである．

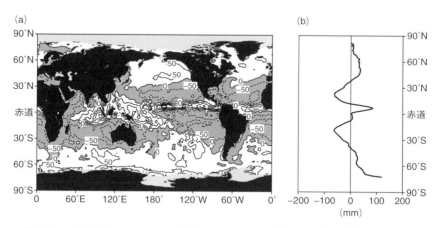

図 4.7　正味の淡水フラックス（下向きフラックスが正：降水量−蒸発量）の分布　(a) 年平均値．正の値は降水が過多の状態．(b) 東西平均値の緯度分布．（データは Josey et al. (1998) と Grist and Josey (2003) による）

4.5 運動量フラックス（風応力）の分布

図 4.8～4.10 に運動量フラックス，すなわち風応力（以下，この用語を用いる）の分布を示す（Grist and Josey, 2003）．世界のいくつかの海域ではモンスーンが卓越するので，1月，7月，そして年平均の分布を3つの図で示す．

図 4.8 に，1月すなわち北半球冬季の風応力ベクトルの分布を示す．北太平洋と北大西洋の北緯 30°以北には強い**偏西風**（westerly）が吹いている．その南には**偏東風**（easterly）が吹いている．この偏東風は**貿易風**（trade wind，本来は恒常的に吹く風の意味）とよばれることもある．北半球では北東貿易風，南半球では南東貿易風とよぶ．太平洋ではこれらの貿易風が，北緯 5～10°付近で収束しているのがわかる．この緯度帯を**熱帯収束帯**（intertropical convergence zone：ITCZ）とよぶ．季節的には夏季である南半球では，低緯度域の各大洋東側で強い南東貿易風がある．大陸が存在しない南緯 40～60°にはどの経度帯でも，強い西風が吹いているのが特徴である．インド洋では，インド亜大陸から南西に向かって強い風が吹きだしているのがわかる．

図 4.9 は，7月すなわち北半球夏季の風応力ベクトルの分布である．1月の分

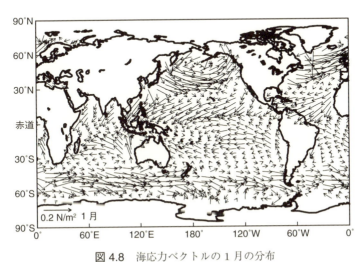

図 4.8　海応力ベクトルの1月の分布
（データは Josey et al. (1998) と Grist and Josey (2003) による）

第 4 章 海洋への強制力

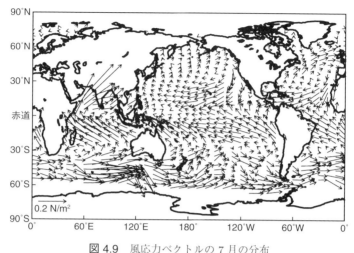

図 4.9 風応力ベクトルの 7 月の分布
(データは Josey et al. (1998) と Grist and Josey (2003) による)

布とのおもな差異を記す．北半球では，中緯度では偏西風が姿を消し，時計回りの風系が出現する．大陸東岸域に着目すると，冬季の北（西）風から南（東）風へ風向が変わる．南極周辺では，偏西風が 1 月よりもさらに強化されている．また，インド洋では，南半球の南東貿易風が強まり，さらに 1 月と異なり，南西側からインド亜大陸へと強い風が吹き込んでいる．

インド洋上の 1 月と 7 月の間のこの大きな風の変化は，インド亜大陸の雨季と乾季に対応するもので，このように季節により風向がほぼ逆転する風を**モンスーン**（monsoon，季節風とも表現する）とよんでいる．インド付近のモンスーンは，**インド・モンスーン**（Indian Monsoon）あるいは**アジア・モンスーン**（Asian Monsoon）とよばれる．日本周辺は東アジア・モンスーンとよぶ．なお，インド洋上のこの大きな風系の季節変化により，海洋の流れの場も大きく変わることが知られている．これは第 6 章で述べる．

図 4.10 は年平均した風応力ベクトルの分布を示す．すでに述べたことから推測できるように，中・高緯度の年平均風応力ベクトルは，冬季の場を反映したものとなっている．

44

4.5 運動量フラックス（風応力）の分布

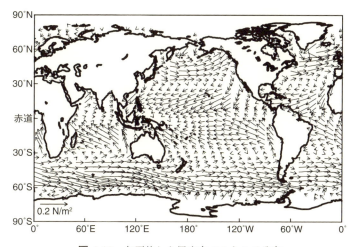

図 4.10　年平均した風応力ベクトルの分布
（データは Josey et al.（1998）と Grist and Josey（2003）による）

第5章 海洋の成層構造

　海洋と大気との間の熱や淡水の出入り，あるいは風からの運動量の流入（風応力の印加）という海面における強制力があることにより，海洋の水温や塩分，そして密度の分布は非一様となる．すなわち，海洋は成層構造をもつ．海洋の特定の領域では，水温や塩分が鉛直的にも水平的にも比較的一様な水，すなわち水塊が大量に形成される．水塊は形成域から海中を移動し，周囲の水と混合し変質する．この章では海洋の大規模な水温や塩分の分布，そして成層構造を概観する．

5.1 海洋の成層

5.1.1 成層と躍層

　海水の密度は，水温と塩分および圧力の関数であった．密度が空間的に非一様な分布をしているとき，**成層**（stratification）していると表現する．成層には，鉛直上方ほど密度が低い**安定成層**（stable stratification），密度が一定の**中立成層**（neutral stratification），上方ほど密度が高い**不安定成層**（unstable stratification）がある．このうち，不安定成層は，海面からの冷却や，海氷の形成に伴う**ブライン**（brine, 海水が凍るときにできる高塩の水）の排出など，何らかの原因で形成されたとしてもただちに上下の水が入れ替わる**対流**（convection）が起こり，周囲の水と混合することで速やかに解消される．したがって，不安定成層が実際に観測されることはまれなことである．

5.1 海洋の成層

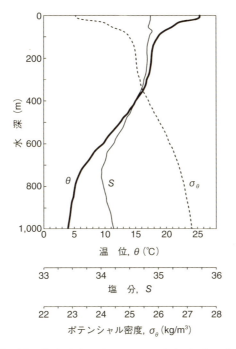

図 5.1 温位（θ），塩分（S），ポテンシャル密度（σ_θ）の鉛直分布の例
2006 年 5 月 16 日に，日本東方の海域（北緯 29.4°，東経 150.3°）でアルゴフロート（WMO ID：2900254）により計測されたプロファイル．

海水の密度など，諸量の分布が鉛直方向に急激に変わる部分を躍層とよぶ．**密度躍層**（pycnocline）や**水温躍層**（thermocline），あるいは**塩分躍層**（halocline）などである．これら 3 つの躍層は同時に形成されることが一般的であるが，まれにそうでないこともある．また，躍層には，太陽放射や降水などの日変化による 1 日の時間スケールで形成されたり消滅したりする**日躍層**（daily～），季節変化という 1 年の時間スケールで変動する**季節躍層**（seasonal～），さらにもっと長期の，あるいは永続して存在する**永年躍層**（permanent～）がある．このうち，永年躍層は水深数百 m のところに存在し，海洋を上層と下層に大別する躍層のことであるので，**主躍層**（main～）とよぶこともある．

図 5.1 に実際に計測された温位（θ），塩分（S），そして計算されたポテンシャル密度（σ_θ）の，海面から 1,000 m 深までの鉛直分布を示す．水深 350～700 m

47

で温位や塩分，ポテンシャル密度の勾配がきつくなっている．この部分が主躍層にあたる．表面付近では，10～30m付近と50～80mの2カ所で温位とポテンシャル密度が急激に変わる層が存在する．塩分の鉛直分布はそれらと対応せず，70～90m付近に塩分極大層をもっている．このような分布は，大気から時間的に複雑な強制力が加わったことを物語っている．

5.1.2 混合層

　風が強い日が続いたり，継続して冷却されたりすると，海洋の表層はよくかき混ぜられて，水温や塩分，したがって密度が鉛直に一様な層ができる．この諸量が鉛直に一様な層のことを**混合層**（mixed layer）とよぶ．大気の混合層は今まさにかき混ぜられている層（mixing layer）であるが，海洋は強制力の強さと海水の混ざりにくさの関係で，混合が終わってもかき混ぜられたときの状態がある程度持続する（慣性が大きい）ので，混合された層（mixed layer）といえる．

　海洋では，日躍層の上にごく薄い混合層ができることもあるが，通常は季節躍層までの混合層（季節混合層）が重要となる．季節混合層は，夏季はほとんどの海域で数十（20～30）m程度であるが，海面からの冷却（海洋からの熱の放出）と，風応力によるかき混ぜの効果が大きい冬季に，深くまで発達する．図

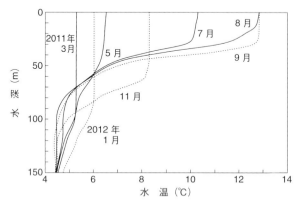

図5.2 アラスカ湾（北緯50.1°，西経144.9°）における2カ月ごとの水温の鉛直分布
最も混合層が薄くなる8月の分布も描いた．日別データを月平均して描画．この地点はStation Papaとよばれ，長年定期的な観測が行われてきた．

5.2に，アラスカ湾における混合層の季節変化を示す．この海域では，夏季（7，8，9月）の混合層は20～30m程度であるが，冬季（3月）には100m程度まで発達することがわかる．

　混合層の厚さの時間変化や空間変化を調べるために，混合層下部の深さを検出するための指標も多数提出されている．たとえば，海面水温から1℃低い温度となる深さ，海面における密度よりも$0.01\sigma_\theta$高い密度となる深さなど．さらには，水温，塩分，密度の躍層をある基準で求めておいて，そのなかの最も浅い躍層をもって混合層の深さを決めることもある．どの方法で検出するかは，海域や研究対象によって決められるべきものであり，万能な唯一の検出方法はない．

5.2　水　　塊

　前節に述べた混合層が，海域によっては広い空間で厚く形成されることがある．これらの海域では，水温や塩分が鉛直的にも水平的にも比較的均質な**水塊**（water mass）が形成される．海洋の具体的な成層構造を示す前に，水塊の概念について述べる．

　1916年，ノルウェーの海洋学者であるヘランド-ハンセン（Helland-Hansen, B., 1887～1957）は，縦軸に水温，横軸に塩分をとった**水温-塩分図**（temperature-salinity diagram，T-S図）を水塊分析に使用することを提案した．このT-S図の上に，ある観測点で計測した水温と塩分のデータを，表層から深層までプロットし，それらを線で結ぶ．このような曲線（T-S曲線）を多数プロットすることで，どのような性質をもつ海水がその海域に存在しているのかを考察してきた．図5.3にT-S図を示す．この場合，縦軸に温位を取っているので，正しくは温位（θ）-塩分（S）図である．また，図のように，ポテンシャル密度（σ_θ）の等値線を描いておくことがふつうである．

　実際にT-S図を作成すると，かなり広い海域でT-S図上でひとまとまりの曲線群になることから，この曲線群に対し固有の名称を付けてきた．たとえば，北太平洋の中緯度域の中央部であれば，**北太平洋中央水**（North Pacific Central Water）など．その総括的な分類はSverdrup *et al.*（1942）に与えられている．しかしながら，現在はこのような見方よりも，初期に大量に形成された均質な海水という意味での水塊に着目し，それが移動するにつれて周囲の水との混合

第 5 章　海洋の成層構造

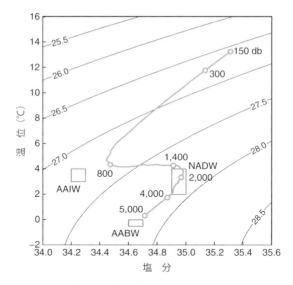

図 5.3　水温（温位）-塩分図の例

図中の細線で示した曲線はポテンシャル密度の等値線．太実線で示した曲線は，1989 年 4 月 6 日に，南大西洋（南緯 2.48°，西経 24.98°）で計測されたデータをプロットしたもの．生データをフィルターにより平滑化したデータで作図．図中の AAIW などと名づけられた箱は，その水塊の代表的な温位と塩分の取りうる範囲を示している．詳細は本文参照．

によって変質したとみることが多くなっている．

T–S 図の一例として，南大西洋低緯度域で計測された資料を用いたものを図 5.3 の中にプロットしてある．この地点では，表層で高温・高塩分で，深くなるにつれて低温・低塩分となり，800 m（図では db で表示）付近で塩分が極値をとる．さらに深くなるとほぼ温位は 4℃ 台で一定であるが，塩分は高塩化する．1,800 m 付近でふたたび塩分が極値を取り，その後ふたたび低温・低塩分となる．

さて，このような T–S 図上での振舞いは，何を意味しているのであろうか．とりわけ，T–S 曲線が単調な変化ではなく，極値を取るのは何を意味するのだろうか．

AAIW，NADW，AABW と付けられた図中の箱は，それぞれの水塊が取りうる水温と塩分の代表的な範囲を示している．ここで，AAIW は南極中層水，NADW は北大西洋深層水，AABW は南極底層水のことである（5.3.2 項参照）．

したがって，800m 深から 1,800m 深まで観測された水は，おもに AAIW と NADW が混合してできた水であろうと推察できる．同じように，1,800m 深から 5,000m 深までの水は，NADW と AABW が混合してできた水であることが推察できる．このように T–S 図上で 2 つの水塊を結ぶ線上の水をつくる元の水という意味で，2 つの水塊を**母源水**（mother water mass）とよぶことができるであろう．この T–S 図で観察されるような曲線になる水塊の変質については，改めて 5.4 節で述べる．

5.3 水温と塩分の分布

5.3.1 水温と塩分の水平分布

この節では水温と塩分の分布をみていく．図 5.4(a)，(b) に，年平均した**海面水温**（sea surface temperature：SST）と**海面塩分**（sea surface salinity：SSS）の水平分布図を示す．これらの図は，過去に収集された資料を用いて作成した長期平均値を描いたものである．このような長期にわたって，あるいは利用できるデータすべてを使って平均した値を**気候値**（climatology）とよんでいる．気象学の分野では特定の期間を区切って平均値を求めることが一般的であるが，海洋学の分野ではデータの少なさから，とくに海洋の内部に対しては，これまでは扱う期間をとくに区切らないことが多かった．ただし近年，第 12 章に紹介するアルゴフロートによる海洋監視が整備され，この事情は少しずつ変わりつつある．

図 5.4(a) に示した SST 分布は，低緯度で高く，極に向かうにつれて低くなること，太平洋赤道西部域とインド洋東部域が最も高く 27.5℃以上に達することを示している．北半球高緯度域の水温等値線はおおむね東西に走っているが，西部で等値線が密集するのに対し東部では拡散している．また，北大西洋では東部でより北上していることがわかる．以上述べた特徴は，次章で述べる流れの場と密接に結びついている．南半球では南緯 30〜60°にかけて等値線が東西に走り，とくに大西洋からインド洋にかけて密集している．ここには，6.2.4 項で述べるように南極周極海流とよばれる強大な海流系が存在することと関係している．太平洋赤道域に着目すると，東部の南米ペルー沖から中央部にかけて，

第 5 章　海洋の成層構造

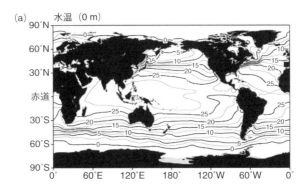

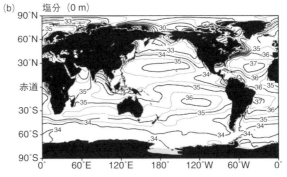

図 5.4　海面における年平均の水温（a）と塩分（b）の分布
等値線間隔は水温が 2.5 ℃，塩分が 0.5．（World Ocean Atlas 2013 データ（水温：Locarnini et al.（2013），塩分：Zweng et al.（2013）を用いて作図）

等値線が舌状に西側へ伸びて，東部の SST が西部よりもかなり低いことがわかる．これも後述するように，赤道に沿って**湧昇**（upwelling）が起こり，下層の冷水の影響が海面に現れているためである．

図 5.4(b) に示した SSS の分布から，いくつかの特徴的な分布を観察できる．すなわち，各大洋とも，南北両半球の緯度 25°付近を中心に高塩分水が存在していることである．大西洋では塩分 37 を超え，南インド洋で 35.5，南太平洋で 35.5，一番低い北太平洋でも 35 を超える極大値をとっている．この図と，前章の図 4.7 を比較すると，正味の淡水フラックス（蒸発量−降水量，$E-P$）の蒸発過多の海域で高塩分となっていることがわかる．海の中では塩分の生成や消滅過程はなく，混合・拡散過程のみであるので，塩分の情報はすべて海面で決

5.3 水温と塩分の分布

まるといってよい．

　各大洋で緯度 20〜30°帯の海域で形成される高塩分の水を，**回帰線水**（Tropical Water），あるいは**亜熱帯高塩分水**（Subtropical High Salinity Water）とよぶ．北太平洋では，この水塊は西方に移動しつつ亜表層へ沈み込み，黒潮により高緯度へ輸送されている．北太平洋回帰線水は，その特性に冬季の大気海洋相互作用の状態が反映されていることや，より高緯度へ塩類を運ぶ水としてその変動が注目され，研究の対象となっている．

　南米大陸北東沖の周辺，ベンガル湾，ロシア沖の北極海などに，等値線が混んで極端に低塩分になっている海域がある．この海域には，アマゾン川，ガンジス川，そしてオビ川，エニセイ川，レナ川などの大規模な河川から，大量の淡水が流出しているためである．

　次に，海の平均水深の半分である 2,000 m 深における水温と塩分の分布を，図 5.5（a），（b）に示す．図 5.5（a）に示した水温分布から，2,000 m の水温は，南極のごく周辺海域を除き，きわめて一様であることがわかる．インド洋と太平洋のほとんどの海域が 2℃台で，大西洋は水温がやや高く 2〜3℃台である．南極のごく周辺は 0℃台で，より北の海域の間に水温の**前線**（front）が存在している．ここで，海洋学における前線という用語は，水平方向に水温など諸量の値が急変する部分に用いている．水温が急変するところは水温前線，同様に塩分前線，あるいは密度前線などと用いる．すなわち，異なる水塊が接している境目には前線ができる．南極のごく周辺では，後に述べる南極底層水が形成され深層に沈み込んでいる．この水塊と周辺水塊の境目が，この図に現れている前線である．

　図 5.5（b）の塩分分布からは，水温よりは等値線が複雑であるが，インド洋と太平洋で 34.6〜34.7 程度，大西洋の塩分はやや高く 34.7〜34.9 台であることがわかる．南極のごく周辺は 34.7 前後で，水温ほどではないが北側の水と前線を形成していることがわかる．

　なお，地中海から水温と塩分の等値線が舌状に西側へと伸びている．これは周辺より高温で高塩分の水の流出を示している．この地中海から流出している高温で高塩分の水を，地中海で形成（特性が付与）された水であるので**地中海水**（Mediterranean Water）とよんでいる．

第 5 章 海洋の成層構造

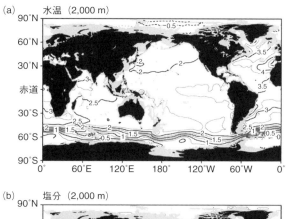

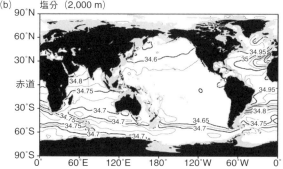

図 5.5 2,000 m 深における年平均の水温（a）と塩分（b）の分布
等値線間隔は水温が 0.25℃，塩分が 0.025．（World Ocean Atlas 2013 データ（水温：Locarnini *et al.*（2013），塩分：Zweng *et al.*（2013）を用いて作図）

5.3.2 水温と塩分の鉛直分布—中層と深層の水塊—

　水温と塩分の鉛直分布を，大西洋と太平洋に分けて観察しよう．海洋の平均水深は約 4,000 m であるが，水温や塩分が水平方向や鉛直方向に大きく変化している層は，以下に具体的に観察するとわかるように表層に限られる．そこで，**鉛直断面**（vertical section）を示す図は，縮尺を変えて表層に着目した図と全層を示す 2 図で示すことがある．本項の鉛直断面図も，海面から 1,000 m までと海面から海底までの 2 図で示す．
　図 5.6（a）〜（c）に，大西洋のほぼ中央部を南北に切った水温（現場水温）と塩分の鉛直断面図と，観測ラインの位置を示す．同様に，図 5.7（a）〜（c）に太

5.3 水温と塩分の分布

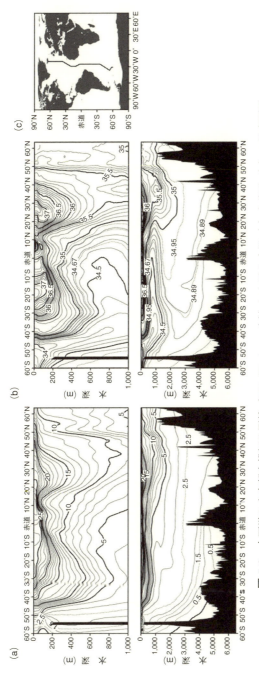

図 5.6 大西洋の中央部を横切る測線（WOCE-A16：(c)）における水温 (a) と塩分 (b) の鉛直断面． 2013 年に実施された GO-SHIP プログラムによる観測データを用いて作図．生データに鉛直および水平双方にフィルターを施して平滑化した．等値線間隔は水温が 1 ℃，塩分が 0.1．水温が 0.5 ℃，1.5 ℃，2.5 ℃，塩分 34.67，34.89，34.95 の等値線を点線で入れた．

第 5 章 海洋の成層構造

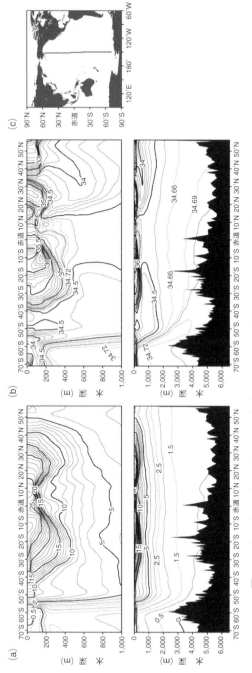

図 5.7 太平洋の中央部を横切る測線（WOCE-P16：(c)）における水温（a）と塩分（b）の鉛直断面 2005〜06 年に実施された GO-SHIP プログラムによる観測データを用いて作図。生データに鉛直方向および水平双方向にフィルターを施して平滑化した。等値線間隔は水温が 1℃，塩分が 0.1。水温 0.5℃，1.5℃，2.5℃，塩分 34.66，34.69，34.72 の等値線を点線で入れた。

5.3 水温と塩分の分布

平洋の水温と塩分の鉛直断面図と，観測ラインの位置を示す．なお，これらの図の作成にあたっては，観測資料に鉛直方向にも水平方向にもフィルターを施して滑らかにしている．

両大洋における水温の分布から，たとえば5℃等温線を見ると，北大西洋北部を除き，せいぜい1,000 mが最深で，ほとんどの海域でそれより浅い深さに位置していることがわかる．すなわち，水温からみると海洋は，分厚い冷水層の上に薄く暖水層が乗っているのである．5℃等温線より以深では，下層や南極周辺ほど水温は低くなるが，すでに2,000 m深の水平分布でみたように，きわめて一様な水温となっている．比較すれば，大西洋のほうがやや高温である．

暖水層の水温分布に着目すると，赤道を挟んで中緯度で下に凸の形状をしていることがわかる．すなわち，大局的みれば，赤道域は湧昇域であり，中緯度域は暖水が押し込まれている領域なのである．このようになる理由は，第8章で述べる大循環の理論のところで明らかとなる．

次に塩分分布を観察しよう．水温とはだいぶ様相が異なっている．両大洋を見比べながら観察しよう．両大洋とも暖水層に対応する表層は中緯度で最も高塩分で，海面塩分の分布で述べた高塩分の回帰線水の存在を示している．南北半球を比較すると，高塩分の領域は北半球のほうでより北側に位置していることがわかる．

500 m以深に着目すると，水温場にはみられなかった特徴的な分布が観察できる．南大西洋50°以南の表層から，低塩分の等値線が舌状に北へ伸びている．この分布は，南太平洋でも同様である．この低塩分で**塩分極小層**（salinity minimum layer）水は，**南極中層水**（Antarctic Intermediate Water：AAIW）と名づけられている．

一方，北半球でも高塩分の表層水の下部に，亜寒帯域から低塩分の水が舌状に南へ伸びている．この低塩分の水を**北太平洋中層水**（North Pacific Intermediate Water：NPIW）とよんでいる．北大西洋では，北緯40〜50°付近から低塩分の水が南下しているのが観察される．この低塩分水を**ラブラドル海水**（Labrador Sea Water：LSW）とよんでいる．

北大西洋の2,000〜4,000 m深では，LSWの下部に，塩分（たとえば34.9）の等値線が赤道域を超えて南極付近まで舌状に伸びている．その下層は低塩分の水であるので，この層は**塩分極大層**（salinity maximum layer）である．この

水温が2～4℃で塩分34.9程度の水を，**北大西洋深層水**（North Atlantic Deep Water：NADW）とよんでいる．大西洋の2,000～4,000m深のこの描像は，太平洋にはみられない．すなわち，太平洋では，NADWに相当する深層水が形成されないのである．

南大西洋の南極域の底層では，NADWよりもさらに低い0～1℃の水温で，塩分34.7以下の低塩分の水が海底に沿って，北へと侵入しているのが観察される．この水を**南極底層水**（Antarctic Bottom Water：AABW）とよんでいる．南太平洋の南極域でも，水温が1℃以下で塩分が34.6～34.7の水の海底に沿った北上が観察できる．しかし，上記のようにNADWに相当する水塊が存在しないため，太平洋には塩分極大層がなく，塩分は海底から緩やかに低塩化し，中層水であるAAIWやNPIWの塩分極小層につながっている．南極底層水と中層水に挟まれた水塊を**太平洋深層水**（Pacific Deep Water）とよんでいる．

この項では，海盆規模の水温や塩分の水平・鉛直分布を概観した．大局的に海洋の成層構造をとらえれば，海盆はほぼ冷たい海水で満たされており，その上に薄く暖かい海水が乗っているようなイメージである．この暖かい水と冷たい水の境目が，主躍層に対応している．また，塩分分布から，大洋規模での水の貫入構造を把握できる．大西洋では，最深層に南極からのAABWが北向きに侵入し，その上層をNADWが南向きに侵入する．その上層を南極周辺域からAAIWが北向きに侵入する．そしてそれらの上に暖かく高塩分の表層水が乗っている．太平洋にはNADWにあたる水塊はない．これは，北大西洋に比べ北太平洋は降水が多く，表層の水は低塩分であるため冷却されても高密度の水をつくれないためである．

なお，ここで記述した内容は，当然のことながら大雑把な描像であり，限られた水塊のみ取り上げた．さらに詳しい描像は，より専門の書に譲る．

5.3.3　モード水—表層の水塊—

5.3.1項に述べた亜熱帯域の高塩分の回帰線水は，表層の水塊のひとつである．表層の水塊にはそのほか，**モード水**（mode water）がある．

Masuzawa（1969）は，北太平洋亜熱帯循環系を構成する表層の水のなかで，最も大きな体積を示す水温17～18℃，塩分約34.7の水に対し，**北太平洋亜熱帯モード水**（North Pacific Subtropical Mode Water：NPSTMW）と名づけた．

5.3 水温と塩分の分布

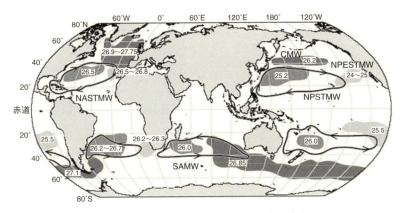

図5.8 世界の海洋におけるモード水の分布
図中の矢印のついた実線は各大洋における亜熱帯循環を，数値はその海域のモード水の代表的なポテンシャル密度を示す．（Hanawa and Talley, 2001）

モードとは，最頻値を意味する統計学用語である．北大西洋亜熱帯域では，同じ性質の水塊が**18度水**（Eighteen Degree Water）とよばれていたが，現在では**北大西洋亜熱帯モード水**（North Atlantic STMW：NASTMW）とよぶことが多い．この間の研究で，モード水にもいくつかのタイプがあることがわかってきた．NPSTMWのような亜熱帯循環の極域側の西部にあるモード水のほかに，東部にあるモード水，亜寒帯循環との境で形成されるモード水などである．北太平洋では，**北太平洋東部亜熱帯モード水**（North Pacific Eastern Subtropical Mode Water：NPESTMW）や**中央モード水**（Central Mode Water：CMW）がこれらに当たる．図5.8に示すように，各大洋にも同じようなタイプのモード水が存在している．また，南極周極海流の北側にも**亜南極モード水**（Subantarctic Mode Water：SAMW）が広く分布している．

図5.9(a)，(b)に，ハワイ-日本間で計測された表層800 m深までの水温断面図を示す．NPSTMWは，日本に近い海域で，冬季の冷却と混合により形成された厚い表層混合層で形成される（図5.9(a)）．海洋が加熱される時期は，薄い混合層で蓋をされたような状態であるが，弱い水温勾配の層としてモード水が亜表層に観察される（図5.9(b)）．

図5.10(a)，(b)に，日本の東部海域で計測された水温などの鉛直分布と，それらから求めた成層度を表すパラメーターの鉛直分布を示す．図5.10(a)に，

第 5 章 海洋の成層構造

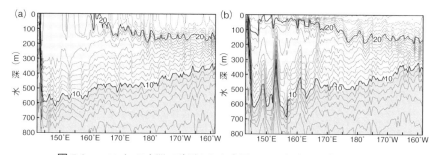

図 5.9 ハワイ－日本間で計測された表層 800 m 深までの水温断面図
(a) 2012 年 2 月，(b) 2012 年 6 月．等値線は 1°C 間隔．

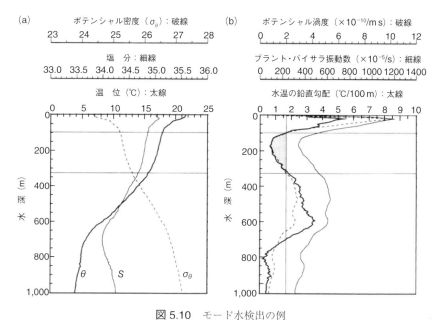

図 5.10 モード水検出の例
(a) 温位 (θ)，塩分 (S)，ポテンシャル密度 (σ_θ) の海面から 1,000 m 深までの鉛直分布．(b) ポテンシャル渦度 (渦位)，水温の鉛直勾配，ブラント・バイサラ振動数の鉛直分布．日本の東部海域の黒潮続流域で取得されたデータによる．(Hanawa and Talley, 2001)

温位 (θ)，塩分 (S)，ポテンシャル密度 (σ_θ) の海面から 1,000 m 深までの鉛直分布を示す．50 m 深までの季節躍層と，400～700 m 深の主躍層を観察できる．それらに挟まれた層は，水温や塩分，したがって密度が比較的一様である

ことがわかる．この層の水が NPSTMW である．

NPSTMW の存在する層を示すために，**ポテンシャル渦度**（potential vorticity：PV，**渦位**ともよぶ）の鉛直分布や，水温の鉛直勾配の鉛直分布を求めて検出することが行われている．ここで，PV は以下の式で求められる．

$$\mathrm{PV} = \frac{f}{\rho_0}\frac{\partial \sigma_\theta}{\partial z}$$

f はコリオリパラメーター（7.1.2 項参照），ρ_0 は基準となる海水の密度（たとえば，海面での密度）である．また，成層の強弱を表すために，ブラント・バイサラ振動数（9.3.2 項参照）を求めることもある．図 5.10(b) にポテンシャル渦度，水温の鉛直勾配，ブラント・バイサラ振動数の鉛直分布を示す．図に示すように，NPSTMW の検出には，ポテンシャル渦度では 2×10^{-10}/m s，水温の鉛直勾配では 1.5×10^{-2}℃/m を閾値として使用できる．この観測点では，陰をつけた 100〜330 m 深の間を NPSTMW とみなすことができる．なお，この閾値は研究対象とするモード水によっても，検出の目的によっても変わるべきものである．

5.4 水塊の移動と変質

5.4.1 水塊の移動と変質

海水の水温（熱）や塩分は拡散したり，水そのものが混合したりする．拡散や混合が分子レベルで起こるとき，その大きさの程度は**分子拡散係数**（molecular diffusivity）K_m で表される．さらに，海水中には後述するように波が砕けたりすることで乱流が存在している．この乱流運動でも海水が混じったり，熱や塩分が拡散したりする．その大きさの程度は**乱流拡散係数**（turbulent diffusivity）K_t で表すことができる．係数の大きさは，前者よりも後者が圧倒的に大きい．

いま，図 5.11 のように，性質の異なる 3 つの水塊 A, B, C が鉛直に接したとしよう．この状態から時間が経過したときのことを考える．あるいは，ある海域でこのように接し，下流方向に流れていくと想定してもよい．水塊間で拡散・混合が生じたとすると，(a) の状態から，(b) の状態へ，さらに (c) の状態へと変わっていく．(c) の状態では，すでに B のもともとの性質をもつ水はなくなっている．これを T–S 図に描いたものが図の (d), (e), (f) である．(f)

第 5 章 海洋の成層構造

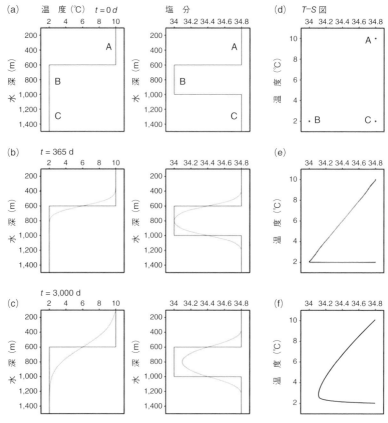

図 5.11 水塊の混合の進行に伴う水温と塩分の変化と T–S 曲線の変化
初期に 3 つの水塊が重なった状態からの時間変化を示している．(The Oceanography Course Team, 1989b)

では，水塊 B の特性をもつ水はすでに存在しないが，T–S 曲線がこのような曲線となるためには B の水塊が必要であることがわかる．5.2 節で述べたように，観測点で水温と塩分のデータが表面から深さ方向に得られたとき，このような T–S 図を描くことで観測された海水にどのような水が混合して存在しているのかを推察できるのである．

2 つの水塊が接して混合するとき，観測された水から 2 つの水塊がどの割合で混ざったのか，すなわち混合比を計算することができる．図 5.12 に，北太平洋

5.4 水塊の移動と変質

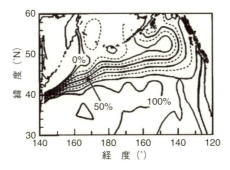

図 5.12　300 m 深における黒潮系水と親潮系水の冬季の混合比の分布
（Zhang and Hanawa, 1993）

の 300 m 深に分布する水が，黒潮系の水と親潮系の水がある割合で混合してできたと仮定したとき，その混合比を見積もった例を示す（Zhang and Hanawa, 1993）．まず，それぞれの典型的な黒潮水と親潮水を選び，密度ごとの平均の水温と塩分を決める．この 2 つの水から，任意の地点の各密度の水が，この両者の水の混合によって形成されると仮定すれば，それぞれの水の混合した割合（比）を得ることができる．図 5.12 からは，西部から東部にいくにつれて等値線の幅が広がっていること，アラスカ湾では等値線が北上していることが読み取れる．これから，流下方向に混合が進んでいること，アラスカ湾に向かって黒潮水を含む海水が北上しているとみなすことができる．これは次章に見るように，黒潮続流やその続きとしての北太平洋海流，そしてアラスカ湾を反時計回りに流れるアラスカ海流などの流れの場があることを示している．

5.4.2　二重拡散対流とキャベリング

水塊の変質では，海洋内部には乱流が存在し，熱や塩分を拡散，混合させることを述べた．では，具体的にこの乱流はどのように形成されるのであろうか．

乱流はさまざまな要因で形成される．本書では扱わないが，大規模なスケールでは流れの場や成層の度合いとの関係で起こる**順圧不安定**（barotropic instability）や，**傾圧不安定**（baroclinic instability）とよばれる**不安定現象**（instability phenomenon）による波（渦）の発生，その発達，そしてそれらが砕けることによって拡散，混合が起こる．小さなスケールでは，海洋内部でのケルビン・ヘル

第 5 章 海洋の成層構造

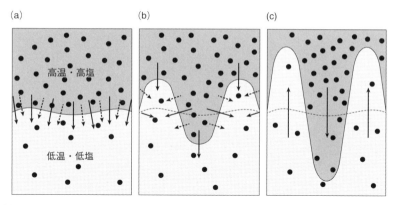

図 5.13 上層に高温・高塩の水,下層に低温・低塩の水が接したときに起こるソルトフィンガーの発達過程の模式図
(Gregg, 1973)

ムホルツ不安定（9.3.1 項参照）による波（渦）の発生，その発達，そしてその砕けによって混合が生ずる（第 11 章参照）．また，潮汐によっても海洋内部で**内部潮汐波**（internal tide）が発生し，最終的に砕けることで混合を生ずる（第 11 章参照）．

乱流を発生させる要因は多数存在するが，海水は水温と塩分という 2 つの要素で決まり，それにより乱流が発生する機構も存在する．すなわち，分子レベルの拡散係数において，水温に関する熱の拡散係数（$10^{-7}\,\mathrm{m^2/s}$ 程度の大きさ）と，塩分に関する拡散係数（塩化ナトリウム（NaCl）などの塩類では $10^{-9}\,\mathrm{m^2/s}$ 程度の大きさ）が 2 桁も違うことによる．この項では，この機構を説明しよう．

いま，図 5.13 に示すように，ある境界面を境に，密度がほぼ一定の，上層に高温・高塩分の水が下層に低温・低塩の水が重なっているとしよう．図 5.13(a) に示すように境界面に擾乱が与えられたとする．図には擾乱の 1 つの波数成分を取りだして三角関数の形に描いている．

熱の拡散の大きさが塩類のそれよりも 2 桁大きいので，以下，塩類の拡散を無視して議論する．下層の低温の水が上に凸のところでは周囲より熱が流入し，暖まることでより周囲より密度が小さくなり，浮力を得る．一方，上層の水が下に凸のところでは，周囲に熱を拡散させるので低温となることで周囲より密度は大きくなり，浮力を失う．この結果，図 5.13(b) と (c) に示すように，上

5.4 水塊の移動と変質

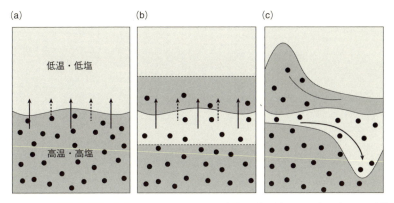

図 5.14 上層に低温・低塩の水,下層に高温・高塩の水が接したときに起こる拡散型対流の発達過程の模式図
(Gregg, 1973)

に凸のところはさらに上昇し,下に凸の部分はさらに沈降する.これが進行し,最終的に上層の水と下層の水が入り組み合い,最後は混合に至るであろうことが予想される.この現象を,指が入り組むような格好を取ることから,**ソルトフィンガー**(salt finger,塩指と訳されることもある)型の対流とよばれている.

一方,図 5.14 で示すような,図 5.13 とは逆の成層,すなわち,上層に低温・低塩の水が,下層に高温・高塩の水が重なっているときも最終的に混合をもたらす対流が起こる.この現象を**拡散型対流**(diffusive type convection)とよぶ.ソルトフィンガーとこの拡散型対流を合わせて**二重拡散対流**(double diffusive convection)とよぶ.

このような現象が実際に海洋中に起こっているかの直接的な証拠を示すことは難しいが,間接的な証拠は,CTD(電気伝導度水温水深計,12.2 節参照)により鉛直に細密な計測を行ったときに現れる水温や塩分の階段状構造(ステップ構造)である.ソルトフィンガーは実験室でも容易に再現できるので,現実にも発生していると考えられている.また,理論的な考察も多く行われており,水温と塩分のどのような組合せによりどの程度の強度で二重拡散対流が起こりうるかの指標(たとえば,密度比やターナー(Turner)角とよばれているもの.専門書を参照のこと)がつくられている.この指標の分布などにより,ソルトフィンガー型対流が起こるか,拡散型対流が起こるかの目安を得ることができる.

一方，すでに第 2 章で述べたように，海水の状態方程式が非線形であることにより，同じ密度の 2 つの海水を混ぜると，混ざった海水は高密度になってしまうという現象が起こる．T–S 図で，同じ等密度線上の 2 点を直線で結ぶと，必ずその直線は等密度線の下方（高密度側）に位置するのである．これは，T–S 図上に描いた等密度線が上に凸の形状となることによる．したがって，同じ密度でも水温と塩分の組合せが異なる水塊が水平に接すると，混合した水は高密度となるので，沈降する現象が起こることになる．この沈降現象を**キャベリング**（cabbeling，潜むこと，秘密結社の意味もある）とよぶ．

Talley and Yun (2001) は，塩分極小層を示す北太平洋中層水（σ_θ で 26.7〜26.8）は，東北地方三陸沖での表層親潮水（σ_θ で 26.6〜26.65）と黒潮水との間の混合によるキャベリング効果で，σ_θ が最大 0.07 程度重くなることが期待されることから，表層親潮水から直接形成されると主張した．また，同海域における亜熱帯系（黒潮系）の水と亜寒帯系（親潮系）の水の混合には，それらの指標が厚く分布することを根拠に，二重拡散対流混合が本質的であることも主張している．

第6章 海洋の大循環

　海水はたゆまなく動いている．その動きを，広い空間で長い時間にわたり平均すると，小さな空間スケールで短い時間スケールの動きが平滑化され，大規模な流れの場が現れる．この運動の姿が"海洋の大循環"である．大循環で強い流れが帯状に現れるところが海流であり，固有の名称がつけられている．海洋の大循環は，主躍層より浅い表層循環と，深い深層循環に大別できる．この大循環は，深層へと沈み込んだ水が深層循環で世界中の海へと巡りつつ湧昇して表層へ戻り，ふたたび沈み込む海域へと回帰する3次元的なものである．

6.1 海洋の流れの測定

　海水の流れをくまなく計測することは容易ではなく，さまざまな手法を組み合わせることで，その全体像を把握している．それぞれの計測手法ごとに特徴を有しており，この節ではいくつかの観測手法について紹介する．海洋の観測については改めて第12章で述べるので，本節では簡単な紹介に留める．

　最も古くから行われてきた海水の流れの観測は，船舶で偏流を求めるやり方である．船がある方向にある速度（対水速度）で航走しているとき，一定時間後の船の位置を推定できる．そして実際の一定時間後の船の位置を実測する．この推定位置と実測位置とに違いがあるとき，この違いは海水が動いているから船が流されたのだとして流れの場を推定するやり方である．このようにして求めた海水の動きを**偏流**（drift current）とよぶ．

第 6 章　海洋の大循環

　大気の運動を知るために風速計で風を計測するように，海洋でも固定地点で流速計を用いて計測するやり方がある．海底に錘を置き，上部に浮力のためのブイを付けてケーブルを張り，途中に流速計を付けて観測することが行われている．このようなシステムを**係留系**（mooring system）とよぶ．係留系は，船舶を利用して設置，回収される．通常，1〜2 年間計測することが多い．

　一方，ブイを漂流させ，その位置情報から流れの場を推定することもできる．表層を漂流させるブイ，中層を漂流させるブイなど，さまざまに工夫したブイがこれまで展開されており，それらの位置の資料から流速場が推定されている．

　第 7 章で述べるように，大規模な流れの場は**地衡流**（geostrophic current）バランスとよばれる力のバランスをなしている．このため，海面の高さ（正確にはジオイド（geoid）からの高さ）がわかれば流れの場が推定できる．試行を経て，1990 年代前半から海面高度計搭載の衛星が本格的に運用されている．ジオイドを求める試みもこの間行われ，現在では衛星高度計データからほぼ海面の絶対高度が，したがって絶対流速が求められるようになってきている．

　また，とくに中層や深層の海水の流れの方向などを推定するためには，塩分，溶存酸素，栄養塩，放射性同位体などの水平分布や鉛直分布も有効な資料である．海水がもつこれらの性質は，一般には周囲の海水との混合や拡散により流下方向に均質になる傾向があり，その分布から流れの方向などを推察できるからである．このような海水の移動を推定するのに役に立つ物質のことを，**トレーサー**（tracer）とよぶ．前章では，とくに断らなかったが，塩分をトレーサーとして海水の動きを記述してきた．

　なお，流れの場でも大きなスケールの運動における鉛直流速の直接計測は不可能であり，これもトレーサーの分布などを参考にした推測に頼らざるをえない．

6.2　表層の循環

　さまざまな手法で計測した海水の流れを広い空間で長期間にわたり平均し，流速ベクトルを求めて図示すると，海洋の大規模な循環像が現れる．広い空間で長期間平均しているので，直径数百 km の**中規模渦**（mesoscale eddy）などは平滑化される．図 6.1 はそのようにして求めた表層の循環の模式図である．

6.2 表層の循環

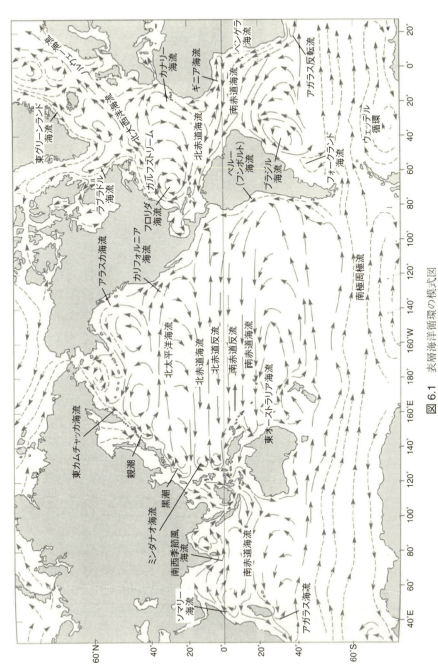

図 6.1 表層海洋循環の模式図

(The Oceanography Course Team (2001) から引用.原図はカラー.海流の日本語名称は原則「海洋学用語集」に準拠,一部変更)

第 6 章　海洋の大循環

6.2.1　北太平洋の表層循環

　北太平洋から観察しよう．赤道のすぐ北に，東向流の**北赤道反流**（North Equatorial Countercurrent：NECC）が存在する．NECC は北米大陸に近づくと北上し，今度は北緯 10〜20°付近を西向きに流れる海流となる．この流れを**北赤道海流**（North Equatorial Current：NEC）とよぶ．NEC は，太平洋を横断し，西部域で一部は北上し，一部は南下する．この南下する海流を**ミンダナオ海流**（Mindanao Current：MC）とよぶ．MC は，ふたたび NECC に接続する．すなわち，MC，NECC，NEC の海流系は反時計回りの循環を構成している．この循環を北太平洋**赤道循環**（Tropical Gyre）とよぶ．

　フィリピン沖で NEC から北上した流れは台湾東部の海域を北上し，琉球列島の西側を経てトカラ海峡に至る．海峡を抜けた海流は九州東岸を北上し南岸沖を流れる．このフィリピン沖から房総半島沖までの海流を**黒潮**（Kuroshio）とよぶ．黒潮は，日本南岸を直進（**非大蛇行**，non large meander）する流路とともに，数〜10 年おきに遠州灘沖で南へ大きく張り出す流路をとることが知られている．この現象を，黒潮の**大蛇行**（large meander）現象とよぶ．

　黒潮は房総半島を過ぎると岸を離れ，東向流となる．房総半島沖から東に向かう流れを**黒潮続流**（Kuroshio Extension）とよぶ．さらに日付変更線を越えて東に向かう流れを**北太平洋海流**（North Pacific Current）とよぶ．この海流は北米大陸の西海岸沖で，一部が南下し**カリフォルニア海流**（California Current）となり，一部が北上し**アラスカ海流**（Alaska Current）となる．北米海岸に沿って南下したカリフォルニア海流は離岸し，ふたたび西向流となり NEC に接続する．すなわち，この中緯度の海流系も循環を構成する．この循環を北太平洋**亜熱帯循環**（Subtropical Gyre）とよぶ．熱帯循環とは異なり，時計回りの循環である．

　アラスカ湾を反時計回りに循環するアラスカ海流の一部はベーリング海に入り，同じく岸沿いを反時計回りに循環し，東カムチャッカ半島に沿って南下する．この半島東岸の流れを**東カムチャッカ海流**（East Kamchatka Current）とよぶ．東カムチャッカ海流は千島列島沿いに南下し，一部はオホーツク海に入る．オホーツク海でも反時計回りに循環し，ウルップ海峡付近でふたたび北太平洋へと流出する．冬季のオホーツク海は冷却が激しく，一部の海域は結氷す

る．このため低温の海水が形成され，この水は東カムチャッカ海流の運ぶ水と混合し，低温でかつ低塩の水となる．このウルップ島付近から千島列島沿いに南下し，北海道東岸沖に達する海流を**親潮**（Oyashio）とよび，運ばれる水を親潮水とよぶ．親潮は北海道東岸沖で反転し，北東向きの流れとなるが，一部はさらに南下し，東北地方三陸沿岸に達する．この部分を**親潮第1貫入**（Oyashio First Intrusion）あるいは**親潮沿岸分枝**（Oyashio Coastal Branch）とよぶ．なお，親潮水は，三陸沿岸沖合のいわゆる**混合水域**（Mixed Water Region）で黒潮系の海水と混合し，前章で述べた**北太平洋中層水**（NPIW）を形成すると考えられている．

西岸域を離れた親潮は東向きに流れ，北太平洋海流の北側を占める海流となり北米大陸に向かい，北上してふたたびアラスカ海流に接続する．すなわち，この海域の海流系は反時計回りの循環を構成する．この循環を北太平洋**亜寒帯循環**（Subpolar Gyre）とよぶ．

以上概略をみてきたように，北太平洋では南から北へ，反時計回りの赤道循環，時計回りの亜熱帯循環，反時計回りの亜寒帯循環が形成されている．海流の強さなどの情報を述べてこなかったが，循環のなかではいずれも西岸境界域に存在するミンダナオ海流，黒潮，親潮などの海流の流れが速く，かつ体積輸送量も大きい．たとえば，黒潮は幅100 km程度で，表層の一番速いところで1〜2 m/sの流速をもち，50 Sv（$1 \text{ Sv} = 10^6 \text{ m}^3/\text{s}$．Svはスベルドラップと読む）程度の海水を輸送していると見積もられている．また，親潮は，表層の流速は1 m/sに至らないが，黒潮よりも深いところまで構造をもち，約20 Sv程度の海水を輸送していると見積もられている．

これら海洋の西岸域の海流系は，他の海洋も同様であるが，海洋内部領域や東岸域の海流よりも強大であり，このような海流を**西岸境界流**（Western Boundary Current：WBC）とよんでいる．また，西岸域に強い海流が形成されることを，**西岸強化**（western intensification）という．一方，カリフォルニア海流など，東岸域の海流を**東岸境界流**（Eastern Boundary Current：EBC）とよぶこともある．

ところで，海流を**暖流**（warm current）と**寒流**（cold current）とに区別をすることがある．周囲より暖かい海水を運ぶ海流が暖流であり，冷たい海水を運ぶ海流が寒流である．したがって，一般に極向きの海流が暖流であり，赤道向

きの海流が寒流となる．生物環境や水産資源の観点からはこのような区別はもちろん意味があるが，物理学的な観点からは大きな意味はなく，物理学の用語としては使わないのが普通である．

6.2.2 他の海洋の表層循環―西岸境界流―

前節では，北太平洋を対象としてやや詳しく表層循環系を観察したが，他の海洋も多少の差異はあるものの，循環の様子や西岸境界流（WBC），東岸境界流（EBC）の存在は同じようなものである．

各大洋における亜熱帯循環の WBC を記しておく．北大西洋の WBC は**ガルフストリーム**（Gulf Stream，**湾流**と訳すこともあるが，メキシコ湾流とはいわない）であり，狭義にはフロリダ海峡から北緯 35°付近のハッテラス岬付近までの海流をさす．黒潮続流と同様，さらに西岸域を離れ東向きへと転じた流れを**ガルフストリーム続流**（Gulf Stream Extension）とよぶこともある．ガルフストリームは，黒潮よりも多い 100 Sv もの体積輸送量があると見積もられている．この大きな輸送量は，後に述べる風で駆動される表層循環の分に，熱や淡水，すなわち，浮力で駆動される深層循環の分が加わっているためである．

南太平洋の WBC は**東オーストラリア海流**（East Australian Current），南大西洋の WBC は**ブラジル海流**（Brazil Current），南インド洋の WBC は**アガラス海流**（Agulhas Current）である．このうち，東オーストラリア海流やアガラス海流は西岸域で，それぞれ南下流から北上流へ，西向流から東向流へと，流れが急激に反転することが特徴である．これらの海流は，このため，しばしば大きな**暖水渦**（warm eddy）をそれぞれ南へ，あるいは西へと放出することが知られている．

ガルフストストリーム続流は**北大西洋海流**（North Atlantic Current）となり北東に流れ，ヨーロッパの西岸沖を北上し，ノルウェー海（グリーンランドとスカンジナビア半島で挟まれた海域）に入る．このノルウェー海では，この高塩分の海水が流入するため，冬季の冷却により高密度の海水ができる．この水が北大西洋に流出し，他の水塊との混合を経て**北大西洋深層水**（NADW）となる．このガルフストリームに源を発する暖水の移動が，ヨーロッパは高緯度にもかかわらず温暖な気候をもたらす要因となっている．

6.2.3 インド洋の表層循環系―インド・モンスーンへの応答―

4.5 節で述べたように，風の場は年平均値でみると冬季の状態が卓越するが，大きな季節変化を伴う．流れの場も，詳細にみれば季節変化を示すところもあるが，海洋の流れの大きな慣性のため，風の場に比べれば季節変化の信号（振幅）は小さい．したがって，通常は循環像を示す場合，季節を指定して表示することはないが，インド洋は例外である．すでに，4.5 節の運動量フラックスのところで述べたように，インド洋の風の場にはインド・モンスーン（またはアジア・モンスーン）とよばれる大きな季節変化が存在する．このため，インド洋でも赤道域に近い海域から北半球の海域，すなわち，アラビア海とベンガル湾の流れは，季節的に大きく変わる．

図 6.2 (a), (b) に，南西モンスーン期（7〜8 月）と，北東モンスーン期（1〜2 月）の流れの模式図を示す．おおよそ南緯 10° 付近から北の海域の流れが季節

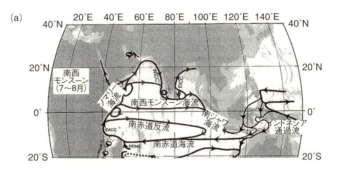

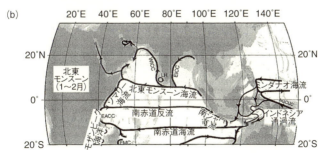

図 6.2　インド洋の海洋表層の循環の模式図
(a) 南西モンスーン期（7〜8 月）と (b) 北東モンスーン期（1〜2 月）．(Talley et al., 2011)

により大きく変わる．南西モンスーン期には，アフリカのソマリー東岸沖を岸に沿った北東向きの海流が現れる．この海流を**ソマリー海流**（Somali Current）とよぶ．アラビア海，ならびにベンガル湾では，時計回りの循環が生ずる．赤道域の北には，インド洋を西から東へ横断する**南西モンスーン海流**（Southwest Monsoon Current）が生じる．一方，北東モンスーン期には，ソマリー沖の流れは逆転し，南西向きの海流が現れる．アラビア海やベンガル湾では，反時計回りの循環となる．また，赤道域の北には，東から西へとインド洋を横断する**北東モンスーン海流**（Northeast Monsoon Current）が生ずる．

南西モンスーンから北東モンスーンへの遷移期，またはその逆の遷移期には，海洋が風の応力という強制力に対する調節を行う時期であり，複雑な流れとなる．

6.2.4　南大洋の海流―南極周極流―

南極周辺の海洋，すなわち**南大洋**は，唯一大陸で東西を遮られていない海域である．また，4.5節でみてきたようにこの海域の上空には，季節を問わず強い西風が吹いていることが特徴である．

図6.1に示したように，南極大陸周辺を囲むように流れる**南極周極流**（Antarctic Circumpolar Current：ACC）が存在する．体積輸送量は150 Sv程度と見積もられ，世界で最も体積輸送量の大きな海流である．この海流は単独の海流というよりは，いくつもの水塊に分ける前線が存在するため，いく筋も強流帯をもつ海流系である．前線には，北から**亜熱帯前線**（Subtropical Front：STF），**亜南極前線**（Subantarctic Front：SAF），**極前線**（Polar Front：PF），**南部南極周極海流前線**（Southern Antarctic Circumpolar Current Front：SACCF）などがある．前線域の海流系をすべてまとめてACCとよんでいる．

南極半島の東側のウェッデル海，日付変更線付近のロス海には時計回りの循環ができ，それぞれ**ウェッデル循環**（Weddell Gyre），**ロス海循環**（Ross Sea Gyre）とよばれている．この海域は，**南極底層水**（AABW）となる母源水が形成されている海域でもある．

6.3 中・深層の循環

中・深層の循環は表層の循環に比して計測が難しく,表層ほど詳細にわかっているわけではない.係留系や漂流ブイを用いて直接計測したデータと,観測されたトレーサーの分布などを合わせて推定している.

図 6.3 は,Broecker and Peng (1982) による溶存ケイ酸塩 (H_4SiO_4),バリウム (Ba),溶存酸素などをトレーサーとして用いた,深さ 4,000 m 深の水平循環の姿である.観測点が十分でない物質の分布の様子から推定しているため,ここに描かれている循環の像は,きわめて平滑化された姿であることに注意されたい.

また,密度場から求めた**ステリックハイト偏差**(steric height anomaly)や**力学的高さ**(dynamic height)で推察した流れの場,トレーサーから推定した流れの方向などを組み合わせて推定することもある.ステリックハイト偏差とは,観測された水温や塩分の水での高さと,水温 0℃,塩分 35 の水で満たされているときの高さとの差のことである.ある深さのところで流れがない面(**無流面**,reference level)が仮定でき,かつ流れが**地衡流バランス**(geostrophic balance)であると仮定すると,任意の深さの面でのステリックハイト偏差の等値線を**流線**(stream function,定常であれば流体粒子が流れる線)とみなすことができ

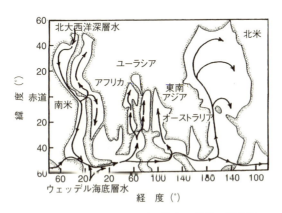

図 6.3 4,000 m 深における海水の循環の模式図
(Broecker and Peng, 1982)

第6章 海洋の大循環

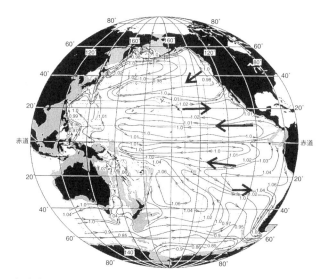

図 6.4　太平洋の 2,500 db（およそ 2,500 m 深）におけるステリックハイトの分布 $(10\,\mathrm{m}^2/\mathrm{s}^2)$
太い矢印は Lupton（1998）による $^3\mathrm{He}$ から推測した流れの方向．（Reid, 1997）

る．大規模な流れの場は地衡流バランスをなしていることの説明は，第7章で示す．ここでは，どこかで流れのない面があるとの仮定は必要であるが，「大規模な流れの場は密度場を求めることで推定できる」と理解していただきたい．

図 6.4 に一例として，Reid（1997）による太平洋の 2,500 db（およそ 2,500 m）深におけるステリックハイトの分布を示す．ステリックハイトを計算した観測点も点として描き入れてあるが，十分な数があるとは言い難い．それでも図 6.3 よりは高い空間分解能で循環を示している．また，太い矢印は，Lupton（1998）によるトレーサーであるヘリウム（$^3\mathrm{He}$）の分布から推察した流れの方向で，ステリックハイトから推察した流れの方向と一致していることを示している．

6.4　海洋の 3 次元循環

表層から沈み込んだ底層水や深層水は，最終的には表層へ湧昇し，ふたたび沈み込む海域へと回帰する．世界の海洋を循環するシンプルな像が描かれたのは 1980 年代半ばである．海洋物理学研究者の Gordon（1986）と海洋化学研究

6.4 海洋の3次元循環

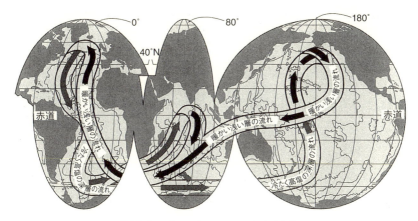

図 6.5 ブロッカーのコンベアベルト
(Broecker (1987; 1991) から Schmitz (1995) が書き直した)

者の Broecker (1987; 1991) がほぼ同じ描像の 3 次元循環像を示した．

沈み込んだ深層水や底層水が世界中の海の至るところで表層へ湧昇するとすれば，一番大きな海である太平洋の表層水は，どのようなルートでふたたび沈み込み領域に回帰するのであろうか．この鍵となる海域が**海大陸**（Maritime Continent）ともよばれるインドネシア付近の多島海であり，上記の 2 人は太平洋の表層水がこの海域からインド洋へ流出していることを指摘したのである．この流れは**インドネシア通過流**（Indonesian Throughflow）と名づけられ，体積輸送量は約 10 Sv と見積もられている．以後，気候の変動と海洋の変動を結びつける重要な海流として注目されてきた．

図 6.5 に，現在 "ブロッカーのコンベアベルト（great ocean conveyer belt）" とよばれている 3 次元循環像を示す．北大西洋の北部海域で暖かい表層水が冷却されて冷たく高塩の水となり沈降し，大西洋を南下し，南極周極流でインド洋と太平洋に輸送される．インド洋と太平洋では表層へと湧昇する．太平洋で表層へ戻った水はインドネシア多島海の海峡を抜けてインド洋へ戻る．そして，この水はインド洋を横断しアガラス海流によりアフリカ大陸南端に運ばれ，大西洋へと侵入する．大西洋では表層を北上し赤道を超え，ふたたびグリーンランド沖の沈降域へと回帰する．このような循環像をコンベアーベルトのように描いたので，提案者の名前を付けてこのようによばれている．あまりにも簡略

第 6 章　海洋の大循環

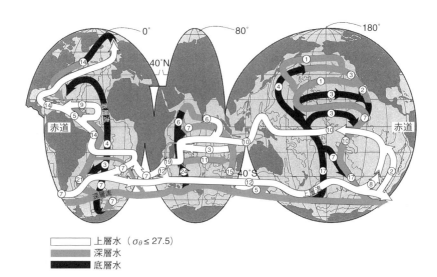

　　　□ 上層水（$\sigma_\theta \leq 27.5$）
　　　▨ 深層水
　　　■ 底層水

図 6.6　海水を上層水（σ_θ が 27.5 以下の海水），深層水，底層水に分けたときの循環の様子

(Schmitz, 1996)

化して描いている図ではあるが，海洋に世界規模の 3 次元的な循環が存在することを示す象徴的な図といえる．

　海洋ではある海域を占める海水の量は時間的にほぼ一定であるので，ある海水がその海域に流入したら，同じ体積の海水が流出する必要がある．この流入する海水の特性と，流出する海水の特性が異なっている場合，その海域で新たに特性（熱や塩類）を得た（失った）とみなすことができる．一般にこのような現象を**オーバーターン**（overturn）とよぶ．

　流入する海水の体積と流出する海水の体積が同じであることを条件と課して，上述した密度場から地衡流バランスをした流れのオーバーターン現象，したがって 3 次元循環像を推定する研究が行われている．このような解析方法を**ボックスインバース法**（box inverse method）とよぶ．

　図 6.6 に，海水を上層水，深層水，底層水の 3 つに分けたときの輸送のルートとおおよその量（丸の中の数字で，単位は Sv）を示す（Schmitz, 1996）．かなり複雑なオーバーターンが起こっている．このような水の変質と移動を，3 大洋ごとに東西に積分し，鉛直のオーバーターンに着目して示したのが図 6.7 で

6.4 海洋の3次元循環

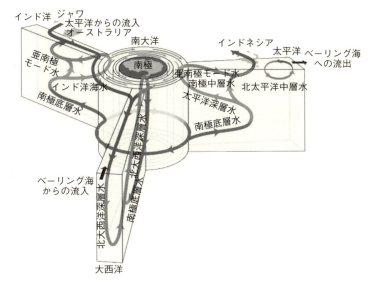

図 6.7 南大洋を中心とした大西洋，太平洋，インド洋における主な水塊のオーバーターンの様子
(原図は Schmitz (1996), Talley et al. (2011) が一部改変)

ある (Talley et al., 2011). 南極大陸を中心にして，大西洋，インド洋，太平洋のオーバーターンの様子が描かれている．海水は南北・鉛直に移動しながらその特性を変えていることを示している．

さて，3.4節の海洋による熱輸送で，大西洋は南半球でも北向きに熱を輸送していることを述べた．この理由は本節で述べたことにより理解されよう．すなわち，北大西洋で形成された低温の NADW を，深層で南大西洋さらにはインド洋や太平洋へと運び，一方で表層で相対的に暖かい海水を太平洋からインド洋，さらには南大西洋から北大西洋へと運んでいる循環が存在しているのである．このことが南大西洋でも熱を北へ輸送している理由である．

79

第7章 海水の運動方程式と地衡流

海洋や大気の運動を支配する方程式を考察する．海洋や大気は回転する地球上で薄い層をなす．そして，われわれの興味の対象である海水や大気の運動とは，固体地球に対する相対的な動きのことである．このため，地球とともに回転する座標系を導入しなければならない．この回転する座標系は慣性系ではないため，運動方程式には見かけの力であるコリオリ力が現れる．海洋や大気の大規模で時間スケールの長い運動は，コリオリ力と圧力傾度力とが釣り合っている地衡流や地衡風が卓越している．

7.1 回転系の運動方程式

7.1.1 非回転系のナビエー・ストークスの式

海水も大気も粘性流体（viscous fluid）であり，その運動はナビエー・ストークスの運動方程式（Navier-Stokes equation of motion，以下，たんに運動方程式とよぶ）に従う．x, y, z 軸方向の流速成分を u, v, w，圧力を p，密度を ρ，**動粘性係数**（kinematic viscosity）をギリシア文字 ν（ニュー）で表すとすれば，次式で表現される．ただし，z 軸は地球の**重力**（gravity）g と逆向きの鉛直上方に取る．

$$x \text{ 軸方向}: \frac{\partial u}{\partial t} + u\frac{\partial u}{\partial x} + v\frac{\partial u}{\partial y} + w\frac{\partial u}{\partial z} = -\frac{1}{\rho}\frac{\partial p}{\partial x} + \nu\left(\frac{\partial^2 u}{\partial x^2} + \frac{\partial^2 u}{\partial y^2} + \frac{\partial^2 u}{\partial z^2}\right) \tag{7.1}$$

y 軸方向：$\dfrac{\partial v}{\partial t} + u\dfrac{\partial v}{\partial x} + v\dfrac{\partial v}{\partial y} + w\dfrac{\partial v}{\partial z} = -\dfrac{1}{\rho}\dfrac{\partial p}{\partial y} + \nu\left(\dfrac{\partial^2 v}{\partial x^2} + \dfrac{\partial^2 v}{\partial y^2} + \dfrac{\partial^2 v}{\partial z^2}\right)$ (7.2)

z 軸方向：$\dfrac{\partial w}{\partial t} + u\dfrac{\partial w}{\partial x} + v\dfrac{\partial w}{\partial y} + w\dfrac{\partial w}{\partial z} = -\dfrac{1}{\rho}\dfrac{\partial p}{\partial z} - g + \nu\left(\dfrac{\partial^2 w}{\partial x^2} + \dfrac{\partial^2 w}{\partial y^2} + \dfrac{\partial^2 w}{\partial z^2}\right)$

(7.3)

密度 ρ を支配する方程式は次式となる．

$$\dfrac{\partial \rho}{\partial t} + \rho\left(\dfrac{\partial u}{\partial x} + \dfrac{\partial v}{\partial y} + \dfrac{\partial w}{\partial z}\right) + u\dfrac{\partial \rho}{\partial x} + v\dfrac{\partial \rho}{\partial y} + w\dfrac{\partial \rho}{\partial z} = 0 \tag{7.4}$$

この式は，ベクトル表示した流速 $\vec{v}$ を用いれば，

$$\dfrac{\partial \rho}{\partial t} + \nabla \cdot (\rho \vec{v}) = 0 \tag{7.5}$$

とも書ける．この式を**連続の式**（equation of continuity），あるいは密度保存の式とよぶ．

ここで密度 ρ が一定，すなわち**非圧縮性流体**（incompressible fluid）とみなされるときは，連続の式は次式となる．この方程式を**非発散の式**（non-divergent equation）とよぶ．

$$\dfrac{\partial u}{\partial x} + \dfrac{\partial v}{\partial y} + \dfrac{\partial w}{\partial z} = 0 \tag{7.6}$$

海水の密度 ρ は，第 2 章で述べたように水温 T や塩分 S，圧力 p で決まる．この関係を表す式を状態方程式とよぶ．

7.1.2 地球上の流体の運動を記述する方程式

われわれが記述したい大気や海水の運動とは，回転（自転）する地球の表層にごく薄く存在する流体の固体地球に相対的な動きである．図 7.1 の観察者 A のように，地球上の大気や海水の動きを遠くから観察することを想定する．宇宙空間のある地点に静止した座標系，あるいは一方向に一定の速さで動く座標系，すなわち**慣性系**（inertial system）からの観察である．

このような慣性系からの観察であれば，前節で示した運動方程式で記述することができる．しかし，上記のようにわれわれが興味の対象とする海水や大気の運動とは，固体地球とともに回転しながら，ほんの少しだけ固体地球に相対的に動いている部分である．これをこの方程式で記述することは原理的に可能

第 7 章　海水の運動方程式と地衡流

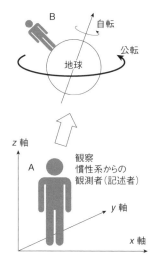

図 7.1　海洋や大気の運動を記述する 2 つの系

A は慣性系からの観察者．B は地球とともに回転する（加速度）系からの観察者．地球表面のごく薄い層である海洋や大気の運動は，剛体回転する固体地球に対する相対的な運動であるので，B の立場で記述するのが便利である．

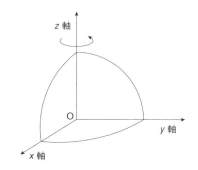

図 7.2　地球中心に座標原点を取り，地球とともに（自転角速度で）回転する直交直線座標系

であっても実用上は不可能に近い．そこで，図 7.1 の観察者 B のように，観察する地点を地球表面に移すことが望ましい．以下，この立場に立った座標系を導入する．

Ⓐ 直交直線座標系による回転系の運動方程式

図 7.2 に示すように地球の中心に座標原点をもち，地球と同じ回転角速度で回転する**直交直線座標系**（orthogonal coordinate system, **デカルト座標系**ともよぶ）を導入する．座標系そのものが回転しているので，もはや慣性系ではなく，**非慣性系**（non-inertial system）となる．ここでは具体的な式を書き下さないが，**見かけの力**（apparent force）が方程式の中に現れる．この力のことを，最初に回転系の運動方程式を導出した研究者の名前を冠して**コリオリ力**（Coriolis force）とよぶ．後に示すようにこの力は運動の方向を曲げるはたらきをするため，**転向力**（turning force）とよぶこともある．

具体的な式の導出は，海洋や大気の力学，あるいは**地球流体力学**（Geophysical

7.1 回転系の運動方程式

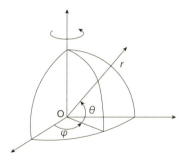

図 7.3 図 7.2 と同じであるが，地球中心からの距離 r，基準となる経度からの角度 φ，赤道面からの角度 θ を座標とする極座標系

Fluid Dynamics：GFD と略すこともある）を扱う教科書を参考にされたい．

❷ 極座標系による運動方程式

上述した地球の中心に座標原点をもつ直交直線座標系での運動方程式は，回転する地球上で観察する式になるが，大気や海洋は球である固体地球の上に乗っている薄い層であるので，この座標系もこのままではとても扱いにくい．そこで，**極座標系**（polar coordinate system，**球座標系**ともよぶ）を導入する．図 7.3 のように，地球中心からの距離を r，ある基準とする経度からの角度をギリシア文字 φ（ファイ），赤道面から角度を θ とする座標系である．

極座標系による運動方程式の具体的なかたちもここには示さない．これらの式の導出も，海洋や大気の力学や，あるいは地球流体力学を扱った教科書を参照されたい．なお，地球流体力学では θ として緯度を用いるが，流体力学では回転軸から測った角度，すなわち**余緯度**（colatitude）を用いることが一般的であるので，両者で式のかたちが異なる部分があることに注意されたい．

この極座標系表示では，**メトリック項**（metric term）とよばれる項が流速の 3 成分の式に 2 項ずつ出現する．これは，r，φ，θ 方向の単位ベクトルが回転により変化するために生ずるものである．しかしながら，地球半径（R_0）に比べ地球の流体層の厚さ（ΔR）はきわめて薄い（$\Delta R/R_0 \ll 1$）ので，実際にはこれらのメトリック項を無視するという近似が行われる．

この極座標表示による運動方程式系は，大規模な運動を表現する数値モデルなどで採用されている．

第 7 章　海水の運動方程式と地衡流

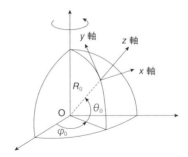

図 7.4　接平面近似による直交直線座標系（局所デカルト座標系）
海洋学や気象学では，通常 x 軸を東向き，y 軸を北向き，z 軸を鉛直上向きに取るのが一般的である．

ⓒ 接平面近似

　現実の海洋の現象の理解のために，問題の本質的な要素のみを取り出して解析的に考察したい場合がある．このため，解析的に扱いやすい直交直線座標系による運動方程式を得ておくことが有益である．そのような考え方からつくられているのが，接平面近似を行った**局所デカルト座標系**（local Cartesian coordinate system）表示である．

　いま，図 7.4 のように，ある興味の対象とする位置（R_0, φ_0, θ_0）で接する平面（**接平面**, tangential plane）を考える．この平面上に，x 軸を東向き，y 軸を北向き，z 軸を鉛直上方にとり，それぞれの流速成分を u, v, w とする．

　この座標系での運動方程式は，ⓑ で説明した極座標系表示の運動方程式に対し，

$$x = (\varphi - \varphi_0) R_0 \cos\theta_0$$
$$y = (\theta - \theta_0) R_0$$
$$z = r - R_0$$

なる座標変換を行うことで得られる．

　また，見かけの力であるコリオリ力の項も接平面近似に適するように近似する必要がある．極座標表示では，コリオリ力は f や $\tilde{f}$（エフチルダと読む）と書かれる**コリオリパラメーター**（Coriolis parameter）を用いて表現される．ここで，

$$f = 2\Omega \sin\theta \tag{7.7}$$

$$\tilde{f} = 2\Omega \cos\theta \tag{7.8}$$

である．ギリシア文字 Ω（オメガ）は地球の自転角速度で，2π を 1 恒星日 (86,164 s) で割った値である（$7.29\times10^{-5}\,\mathrm{rad/s}$）．

上記のコリオリパラメーターは緯度の関数である．直交直線座標系の y 座標で表現するため，以下のように θ_0 付近で展開する．

$$\begin{aligned}f &= 2\Omega \sin\theta \\ &= 2\Omega \sin\theta_0 + 2\Omega \cos\theta_0 (\theta - \theta_0) + \cdots \\ &= f_0 + 2\Omega \cos\theta_0 \frac{y}{R_0} + \cdots\end{aligned}$$

右辺第 2 項まで近似し，$\beta = 2\Omega \cos\theta_0/R_0$（$\beta$ はギリシア文字のベータ）とおくと，局所デカルト座標系で適切なコリオリパラメーターの表現を得る．

$$f = f_0 + \beta y \tag{7.9}$$

すなわち，コリオリパラメーターを y 方向に線形に変化するとした近似を行ったものであり，地球が球面であることを考慮したものと考えることができる．このような近似を **β-平面近似**（β-plane approximation）とよぶ．なお，赤道（$\theta_0 = 0$）付近では f_0 はゼロであるので，$f = \beta y$ となる．この近似を**赤道 β-平面近似**（equatorial β-plane approximation）とよぶ．このような取扱いは，C. G. Rossby により 1939 年に偏西風の波動の問題を理論的に考察したときにはじめて導入されたものである．

$\tilde{f} = 2\Omega \cos\theta$ を含む項の取扱いであるが，この項の寄与は小さいとして無視することが一般的である．このような取扱いを**伝統的近似**（traditional approximation）とよぶ．なお，赤道域ではこの項は無視できないと指摘する研究も存在している．

結果として得られる運動方程式を以下に示す．

$$x: \frac{\partial u}{\partial t} + u\frac{\partial u}{\partial x} + v\frac{\partial u}{\partial y} + w\frac{\partial u}{\partial z} - fv = -\frac{1}{\rho}\frac{\partial p}{\partial x} + \nu\left(\frac{\partial^2 u}{\partial x^2} + \frac{\partial^2 u}{\partial y^2} + \frac{\partial^2 u}{\partial z^2}\right) \tag{7.10}$$

$$y: \frac{\partial v}{\partial t} + u\frac{\partial v}{\partial x} + v\frac{\partial v}{\partial y} + w\frac{\partial v}{\partial z} + fu = -\frac{1}{\rho}\frac{\partial p}{\partial y} + \nu\left(\frac{\partial^2 v}{\partial x^2} + \frac{\partial^2 v}{\partial y^2} + \frac{\partial^2 v}{\partial z^2}\right) \tag{7.11}$$

$$z: \frac{\partial w}{\partial t} + u\frac{\partial w}{\partial x} + v\frac{\partial w}{\partial y} + w\frac{\partial w}{\partial z} = -\frac{1}{\rho}\frac{\partial p}{\partial z} - g + \nu\left(\frac{\partial^2 w}{\partial x^2} + \frac{\partial^2 w}{\partial y^2} + \frac{\partial^2 w}{\partial z^2}\right) \tag{7.12}$$

これらの式と 7.1 節で示した非回転系のナビエ・ストークスの式を比較するとわかるように，x 軸方向の式の左辺に $-fv$ が，y 軸方向の式の左辺に fu が加わったことのみの違いである．

7.2 運動方程式の各項の意味

局所デカルト座標系での回転系の運動方程式 (7.10)～(7.12) の各項の意味を考えてみよう．

$$x\text{軸方向}: \underbrace{\frac{\partial u}{\partial t}}_{①} + \underbrace{u\frac{\partial u}{\partial x} + v\frac{\partial u}{\partial y} + w\frac{\partial u}{\partial z}}_{②} \underbrace{-fv}_{③} = \underbrace{-\frac{1}{\rho}\frac{\partial p}{\partial x}}_{④} + \underbrace{\nu\left(\frac{\partial^2 u}{\partial x^2} + \frac{\partial^2 u}{\partial y^2} + \frac{\partial^2 u}{\partial z^2}\right)}_{⑤}$$

Ⓐ 時間変化項と移流項

時間微分の項 ① は，ある固定した地点における時間変化率であり，**オイラー時間微分**（Euler time derivative）とよばれる．この項がゼロの場合，場は時間的に変化しないので，**定常状態**（steady state）にあると表現する．

次の 3 つの項 ② は，速度と速度の空間勾配の積であり，**移流項**（advection term），あるいは 1 つの項の中に速度が 2 度現れることから**非線形項**（nonlinear term）とよばれる．場に空間勾配があるとき，その勾配が流れによって移動してくることを意味している．

オイラー微分の項と移流項を合わせて，次のように 1 つの時間微分項で表すこともある．

$$\frac{D}{Dt} = \frac{\partial}{\partial t} + u\frac{\partial}{\partial x} + v\frac{\partial}{\partial y} + w\frac{\partial}{\partial z} \tag{7.13}$$

この時間微分のことを**ラグランジュ時間微分**（Lagrange time derivative），ある

7.2 運動方程式の各項の意味

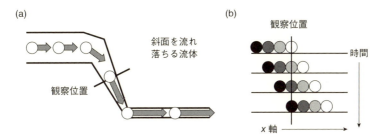

図 7.5 流体粒子の動きと時間微分
(a) オイラー微分がゼロで，ラグランジュ微分がゼロでない例．平坦地から傾斜値を下るような流れは，傾斜を下るに従って加速するが，固定点でみているかぎり時間変化はない．(b) ラグランジュ微分はゼロであるが，オイラー微分はゼロでない例．わかりやすいように，ここは流体粒子の濃度変化で示した．

いは**物質微分**（material derivative, **実質微分**ともよばれる）とよぶ．着目する**流体粒子**（fluid particle）を追跡していったときの時間変化を示す．

図 7.5 の (a) にオイラー微分がゼロであるがラグランジュ微分がゼロでない例を，(b) にオイラー微分がゼロでないがラグランジュ微分がゼロである例を示す．

なお，後の第 12 章で述べるように，海洋や大気の観察においても，場所を固定したオイラー的な観察や，ブイや気球のように流されるままに行うラグランジュ的な観察の 2 つの立場で行われている．

❸ コリオリ力

次の項 ③ はコリオリ力とよばれる．流体力学では左辺に加速度項を，右辺に力の項をおくことが慣用的であるので，コリオリ加速度項とよぶべきであるが，一般にはコリオリ力とよぶことが多い．この項の役割を，次のような水平運動の例で考えよう．水平方向には場は一様とする．すなわち，空間微分の項はすべてゼロである．さらにコリオリパラメーターは正の一定値 f_0 とする（f_0-平面近似）．すなわち，北半球を想定している．コリオリ力以外何の力もはたらかないとすると，支配方程式は次式となる．

x 軸方向：$\dfrac{\partial u}{\partial t} - f_0 v = 0$

y 軸方向：$\dfrac{\partial v}{\partial t} + f_0 u = 0$

第 7 章　海水の運動方程式と地衡流

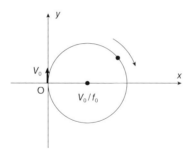

図 7.6　摩擦がない状態でコリオリ力のみがはたらく場合の初速度 V_0 で y 軸方向へ動きだした粒子の軌跡
粒子は，北半球（$f_0 > 0$）では，半径 V_0/f_0 の時計回りの円軌道を描く．

この方程式を，次の初期条件（$t = 0$）で解く．

$u = 0, \ v = V_0$

すなわち，北向きに初速度 V_0 で動く粒子の振舞いを考察することになる．この解は次式となる．

$u = V_0 \sin f_0 t$

$v = V_0 \cos f_0 t$

この流速を積分することで初期に座標原点にあった流体粒子の軌跡を求めると，次式となる．

$$\frac{\left(x - \frac{V_0}{f_o}\right)^2}{\left(\frac{V_0}{f_o}\right)^2} + \frac{y^2}{\left(\frac{V_0}{f_o}\right)^2} = 1$$

この解をグラフ化すれば図 7.6 となる．流体粒子は半径 V_0/f_0 の円軌道を描く．すなわち，コリオリ力は，北（南）半球では動く流体粒子を進行方向から右手（左手）直角方向に転向させるはたらきをもっていることがわかる．また，粒子の軌道速度は一定（$|\vec{v}| = V_0$）であるので，コリオリ力は仕事をしないこともわかる．

なお，このような運動は，風が吹いた後の海水の運動によく出現する．この運動を**慣性振動**（inertial oscillation）とよぶ．

ⓒ 圧力傾度力

右辺の第1項④を**圧力傾度力**（pressure gradient force）とよぶ．場所により圧力が異なるとき，すなわち圧力に空間勾配があるとき，流体粒子には圧力の高いほうから低いほうに力がはたらくことになる．この流体粒子を動かす力は，圧力勾配の負の方向にはたらくので，この項には負の符号が付く．

ⓓ 粘性項

ある特定の場所に流れが集中しているとき，下流に向かってこの流れの幅が次第に広がっていくことが容易に想像できる．この流れの幅を広げる役目を担っているのがこの**粘性項**（viscous term，⑤）である．なお，考察対象が運動量でなく物質の濃度などのときは，この項は物質を拡散させるはたらきをもち，**拡散項**（diffusion term）とよばれる．

7.3 スケールアナリシス

大規模で時間スケールの長い海水や大気の運動はどのように力が釣り合っているのだろうか．実際に観察されている現象を例に，運動方程式の各項の大きさを見積もってみよう．このような作業を**スケールアナリシス**（scale analysis）とよぶ．

考察の対象として，中緯度で観察されている中規模渦を例にとる（Ebuchi and Hanawa, 2000）．日本南岸を流れる黒潮の沖合には多数の高気圧性渦や低気圧性渦が存在している．これらの渦は，半径が $100\,\mathrm{km}$（$10^5\,\mathrm{m}$）程度，ある地点を通過するのに要する時間は2カ月（$10^7\,\mathrm{s}$）程度，流速（軌道速度）は $0.1\,\mathrm{m/s}$ 程度である．また，コリオリパラメーター f は 10^{-4}（rad/s）とする．

$$x\text{軸方向}: \underbrace{\frac{\partial u}{\partial t}}_{①} + \underbrace{u\frac{\partial u}{\partial x} + v\frac{\partial u}{\partial y}}_{②} + \underbrace{w\frac{\partial u}{\partial z}}_{③} \underbrace{- fv}_{④} = \underbrace{-\frac{1}{\rho}\frac{\partial p}{\partial x}}_{⑤} + \underbrace{\nu\left(\frac{\partial^2 u}{\partial x^2} + \frac{\partial^2 u}{\partial y^2} + \frac{\partial^2 u}{\partial z^2}\right)}_{⑥}$$

この式には鉛直流速 w が入っている．観測からこの鉛直流速を計測することはほぼ不可能であるので，他の手段で見積もる．海水は非圧縮の取扱いで十分近似がよいので，式 (7.6) の連続の式から鉛直流速 w の大きさを見積もる．

$$\frac{\partial u}{\partial x} + \frac{\partial v}{\partial y} + \frac{\partial w}{\partial z} = 0 \tag{7.6}$$

最初の 2 項は，0.1 m/s という速度を，10^5 m という空間スケールで割れば $\mathrm{O}(10^{-6}/\mathrm{s})$ となる．したがって，中規模渦の鉛直スケールをかりに 10^3 m とすれば，w の大きさは $\mathrm{O}(10^{-3}\,\mathrm{m/s})$ となる．ここで，O は order の頭文字で，O(数値) は，おおよそカッコの中で示した数値程度の大きさであることを意味する．

次に，x 軸方向の運動方程式の ①～⑥ の各項の大きさを見積もる．① の項は，速度 0.1 m/s を時間スケール 10^7 s で割れば，$\mathrm{O}(10^{-8}\,\mathrm{m/s^2})$ を得る．次に ② の水平流速の項を見積もると，速度の 2 乗 $(10^{-2}\,\mathrm{m^2/s^2})$ を渦の大きさ 10^5 m で割れば，$\mathrm{O}(10^{-7}\,\mathrm{m/s^2})$ を得る．

③ の鉛直流速の項からは，$\mathrm{O}(10^{-3}\,\mathrm{m/s})$ の鉛直流速と 0.1 m/s の水平流速の積を鉛直スケール 10^3 m で割れば，$\mathrm{O}(10^{-7}\,\mathrm{m/s^2})$ を得る．コリオリ力の項 ④ は，コリオリパラメーター $(10^{-4}/\mathrm{s})$ と速度 $(0.1\,\mathrm{m/s})$ の積であるから，$\mathrm{O}(10^{-5}\,\mathrm{m/s^2})$ を得る．

圧力勾配の項⑤は計測できない量であるので，ここでは留保しておく．⑥ の粘性項は，粘性係数と速度の積を空間スケールの 2 乗で割ればよいが，粘性係数をどのようにおくかが問題となる．分子粘性係数 $(10^{-6}\,\mathrm{m^2/s}$ 程度) なら $\mathrm{O}(10^{-16}\,\mathrm{m/s^2})$ となる．しかし，実際には海水運動の**乱れ** (turbulence) があるので，この係数は桁違いに大きくなると予想される．それでも経験的に $10^4\,\mathrm{m^2/s}$ 程度であるので，$\mathrm{O}(10^{-12}\,\mathrm{m/s^2})$ よりは大きくないと考えられる．

したがって，以上のスケールアナリシスによると，圧倒的に ④ のコリオリ力が卓越している．これと見積もりを留保した圧力傾度力の⑤の項が釣り合わなければならないことがわかる．

次に，鉛直方向の式でスケールアナリシスを行う．

$$z\text{軸方向}: \underbrace{\frac{\partial w}{\partial t}}_{①} + \underbrace{u\frac{\partial w}{\partial x} + v\frac{\partial w}{\partial y}}_{②} + \underbrace{w\frac{\partial w}{\partial z}}_{③} = \underbrace{-\frac{1}{\rho}\frac{\partial p}{\partial z}}_{④} \underbrace{-g}_{⑤} + \underbrace{\nu\left(\frac{\partial^2 u}{\partial x^2} + \frac{\partial^2 u}{\partial y^2} + \frac{\partial^2 u}{\partial z^2}\right)}_{⑥}$$

結論だけ書けば，重力項⑤が $\mathrm{O}(10\,\mathrm{m/s^2})$ と他の項より圧倒的に大きく，これが圧力勾配の項と釣り合わなければならないことがわかる．

7.4 地衡流近似方程式系

前節で行ったスケールアナリシスで，大規模で時間スケールの長い現象は，水平方向でコリオリ力と圧力傾度力が，鉛直方向で圧力傾度力と重力が卓越していることがわかった．これを書き下すと次式となる．

x 軸方向（東向き）： $-fv = -\dfrac{1}{\rho}\dfrac{\partial p}{\partial x}$ (7.14)

y 軸方向（北向き）： $fu = -\dfrac{1}{\rho}\dfrac{\partial p}{\partial y}$ (7.15)

z 軸方向（上向き）： $0 = -\dfrac{1}{\rho}\dfrac{\partial p}{\partial z} - g$ (7.16)

この一連の方程式を**地衡流近似方程式**（geostrophic approximation equation）とよぶ．

ここで，式 (7.16) を積分すれば，任意の水深 z における圧力は，海面（$z = \eta$）（η はギリシア文字のイータ）における大気圧を p_a とおくと，

$$p(z) = \rho g(\eta - z) + p_\mathrm{a}$$ (7.17)

となる．すなわち，海水が動いていたとしても，任意の水深の圧力は，その上方に乗っている海水の重さで決まることを表している．このような意味で，この式のことを，**静水圧の式**（hydrostatic equation）あるいは**静力学の式**（hydrodynamic equation）とよぶ．

ここで，ふたたびスケールアナリシスに戻る．見積もりを留保していた圧力傾度力であるが，渦の中心部と周辺部では，10^{-1} m 程度の凹凸があることが衛星高度計資料から得られている（Ebuchi and Hanawa, 2000）．これを用いて見積もると，圧力傾度力は O(10^{-5} m/s^2) となる．すなわち，コリオリ力と同程度であることが確認できる．

次に，図 7.7 に示す状況で，式 (7.14) と式 (7.15) の意味するところを考えよう．場は北半球（$f > 0$）とする．

図 7.7(a) では，流体粒子が y 軸の正の方向へ運動（$v > 0$）しているときを想定している．このとき，コリオリ力（$fv > 0$）は x 軸の正の方向へはたらいている．これと逆向きに圧力傾度力 $\left(-\dfrac{1}{\rho}\dfrac{\partial p}{\partial x} < 0\right)$ が x 軸の負の方向へはたらき，

第 7 章　海水の運動方程式と地衡流

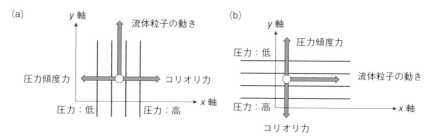

図 7.7　コリオリ力と圧力傾度力のバランス
(a) x 軸方向の力のバランス．(b) y 軸方向の力のバランス．

釣り合っている．したがって，2 つの力が釣り合っているのであるから，力の方向も加味してどちらかの項に負符号をつけて等しいとおけば，式 (7.14) を得る．

図 7.7(b) では，流体粒子が x 軸の正の方向へ運動（$u > 0$）しているときを想定している．このとき，コリオリ力は y 軸の負の方向へはたらいている（$-fu < 0$）．これと逆向きに圧力傾度力 $\left(-\frac{1}{\rho}\frac{\partial p}{\partial y} > 0\right)$ が y 軸の正の方向へはたらき，釣り合っている．したがって，力の方向も加味してどちらかの項に負符号をつけて等しいとおけば式 (7.15) を得る．

図 7.7 からわかるように，地衡流は等圧線に平行な流れであり，圧力勾配が大きければ大きいほど，流れが速いことがわかる．天気予報などではこのことを，「等圧線が混んでいるので強い風が吹くでしょう」などと表現している．

第8章 海洋大循環論

　西岸に強い境界流をもつ表層循環はどのような仕組みで成り立っているのだろうか．北半球中緯度に位置する亜熱帯循環系を例にとり，風応力の分布により，亜熱帯循環系では表層から水が押し込まれることで，北半球では時計回りの循環が形成されることを理論的に説明する．また，深層循環についても，同じ大規模な力学の場から，どのような循環像にならなければならないのか，説明する．

8.1　風に対する海洋の応答―エクマン層の理論―

　ノルウェーの海洋探検家 F. W.-J. Nansen（1861〜1930）は特別に設計したフラム号で1893年から1896年までの約3年間の北極探検を行った．この探検の過程で，風向きと海氷やフラム号の動きを観察し，風向きに対し右手方向に海氷や船が流されることに気づいた．母国に戻った Nansen はオスロ大学の気象学の教授，V. Bjerknes（1862〜1951）にこのことを話したところ，当時大学院の学生だった V. W. Ekman（1874〜1954）にこの問題を解くように伝えたという．Ekman はこれを理論的に考察し，現在**エクマン層**（Ekman layer）理論とよばれる理論を展開した．最初の論文は1902年にノルウェーの雑誌に公表されたが，通常は1905年に公表された英文論文が引用される（Ekman, 1905）．

第 8 章　海洋大循環論

8.1.1　エクマン層の理論

無限に広がる北半球の海洋で，定常で一様な北向きの風応力 τ_y が海面に作用しているとする．このとき，この問題は次のように定式化できる．

$$-f_0 v = K \frac{\partial^2 u}{\partial z^2} \tag{8.1}$$

$$f_0 u = K \frac{\partial^2 v}{\partial z^2} \tag{8.2}$$

ここで，K は**乱流鉛直粘性係数**（turbulent vertical viscosity）である．海面での境界条件は次式となる．

$$\rho K \frac{\partial u}{\partial z} = 0 \tag{8.3}$$

$$\rho K \frac{\partial v}{\partial z} = \tau_y \tag{8.4}$$

また，十分下層では運動はないものとして，次の境界条件をおく．

$$(u, v) \to (0, 0) \qquad z \to \infty \text{ のとき} \tag{8.5}$$

式 (8.1), (8.2) の運動方程式を境界条件式 (8.3)〜(8.5) を用いて解くと，解として次式を得る．

$$u = \left(\frac{1}{K f_0}\right)^{1/2} \frac{\tau_y}{\rho} \exp\left\{\left(\frac{f_0}{2K}\right)^{1/2} z\right\} \cos\left\{\left(\frac{f_0}{2K}\right)^{1/2} z + \frac{\pi}{4}\right\} \tag{8.6}$$

$$v = \left(\frac{1}{K f_0}\right)^{1/2} \frac{\tau_y}{\rho} \exp\left\{\left(\frac{f_0}{2K}\right)^{1/2} z\right\} \sin\left\{\left(\frac{f_0}{2K}\right)^{1/2} z + \frac{\pi}{4}\right\} \tag{8.7}$$

ここで，海面（$z = 0$）における流速を求めると次式となる．

$$u = \left(\frac{1}{K f_0}\right)^{1/2} \frac{\tau_y}{\rho} \frac{\sqrt{2}}{2} \tag{8.8}$$

$$v = \left(\frac{1}{K f_0}\right)^{1/2} \frac{\tau_y}{\rho} \frac{\sqrt{2}}{2} \tag{8.9}$$

この流速分布を図 8.1 に示す．海面での流れの方向は風応力のベクトルから右手 45° 方向となり，深くなるにつれて時計回りに回転していることがわかる．また，流速は指数関数的に小さくなる．らせんを描くこの流速分布を**エクマンらせん**（Ekman spiral）とよび，風に応答するこのような層を**エクマン層**という．

8.1 風に対する海洋の応答—エクマン層の理論—

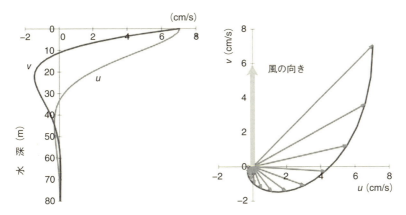

図 8.1　エクマン層の流速分布
（a）u と v の深さ方向の分布．（b）流速ベクトルを平面に投影したときの分布（エクマンらせん）．

なお，コリオリ力と粘性力が釣り合う層は，海底付近でも，大気の地表面付近でも存在する．このような層もエクマン層とよんでいる．

8.1.2　エクマン層の厚さと輸送量

海面での流速が e 分の 1（e はネイピア（Napier）数，自然対数の底で約 2.72 の値）になる深さまでを，エクマン層の厚さとみなすことができる．式 (8.6)，(8.7) から，$z = (2K/f_0)^{1/2}$ であることがわかる．

いま，中緯度で $0.1\,\text{N/m}^2$ の風応力が海面に作用しているとする．10 m の高さでおおよそ 10 m/s の風速であるとき，この程度の風応力となる．表層付近のもっともらしい乱流鉛直粘性係数を $0.01\,\text{m}^2/\text{s}$（$= 100\,\text{cm}^2/\text{s}$）とすると，この厚さは約 15 m となる．風が吹き続けていたとしても，風に対する海洋の応答は，海の平均的な深さ 4,000 m に比較するとごく薄い層に限られるのである．

次に，エクマン層内で輸送される海水の量を見積もる．エクマン流（Ekman flow）の解である式 (8.6)，(8.7) を海面から深層まで積分すればよい．エクマン流による輸送量（**エクマン輸送量**，Ekman transport）を (T_x, T_y) とすれば，

$$T_x = \frac{\tau_y}{\rho f_0}$$
$$T_y = 0$$

第8章 海洋大循環論

を得る．すなわち，流速は深さ方向に"らせん"を描いているものの，y 軸方向には正味海水を輸送していないのである．

これは次のような力のバランスを考えると理解しやすい．すなわち，海面から深層まで積分したかたちでの力のバランスを考えると，x 軸方向の体積輸送量 T_x に対し $\rho f_0 T_x (= \tau_y)$ だけのコリオリ力が y 軸の負の方向にはたらいている．これと y 軸の正の方向にはたらく風応力 τ_y が釣り合っているのである．風応力を圧力傾度力とみなせば，あたかも地衡流バランスをとっているような状態になっているのである．

8.2 エクマン流の収束発散とスベルドラップバランス

8.2.1 エクマン流の収束発散

前節では，海面を吹く風によりごく表層にエクマン流が生じ，風の応力に対し，右手直角方向に海水が輸送されることを述べた．ここで風の応力の分布が一様でなかったらどうなるであろうか．

図 8.2 に示すようにエクマン層内の体積輸送量が場所によって異なることにより，エクマン層内で収束や発散が生じる．この結果，鉛直流速が生じ，エクマン層より下層の内部領域にエクマン層から海水が押し込まれたり（**エクマンパンピング**，Ekman pumping），あるいは吸い上げられたり（**エクマンサクション**，Ekman suction）することになる．

前節では風応力として y 軸方向成分のみを考えたが，一般化すれば，ベクトル表示でエクマン輸送量は次式となる．

$$\vec{T} = \frac{\vec{\tau} \times \vec{k}}{\rho f_0} \tag{8.10}$$

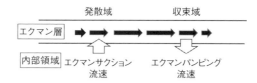

図 8.2 エクマン輸送量（水平方向の矢印）の収束と発散により発生する鉛直流速
(a) 収束によりエクマンパンピング流速が，(b) 発散によりエクマンサクション流速が生じる．

8.2 エクマン流の収束発散とスベルドラップバランス

ここで，$\vec{\mathrm{k}}$ は鉛直方向の単位ベクトルである．水平方向の体積輸送量の発散は次式となる．

$$\nabla \cdot \vec{T} = \frac{\partial T_x}{\partial x} + \frac{\partial T_y}{\partial y} = -\int_{-D_\mathrm{E}}^{\eta} \frac{\partial w}{\partial z}\,\mathrm{d}z = -w(\eta) + w(-D_\mathrm{E}) = w_0 \qquad (8.11)$$

ここで，η は平均海面からの海面の高さで，定常状態を想定すれば $w(\eta)$ はゼロとおける．また，D_E はエクマン層の厚さであるが，先にみたようにエクマン層の厚さはごく薄いので，この鉛直流速は海面における値とみなせる．そこで，平均海面を意味する添え字 0 を付けた．

式 (8.11) の $\vec{T}$ に式 (8.10) を代入すれば次式を得る．

$$w_0 = \frac{\vec{\mathrm{k}} \cdot (\nabla \times \vec{\tau})}{\rho f_0} \qquad (8.12)$$

すなわち，風応力の渦度 $\nabla \times \vec{\tau}$ の鉛直成分（$\vec{\mathrm{k}}$ 方向の成分）が存在すると，鉛直流速が生じることを示している．すなわち，風応力の渦度が正のときは上向きの鉛直流速が，負のときは下向きの鉛直流速が生じることになる．

8.2.2 スベルドラップバランス

大規模で定常な流れの場を考えよう．海水の密度は一定とし，粘性ははたらかないとする．支配方程式は式 (7.14)，(7.15) で，圧力は式 (7.17) で表されるとする．β-平面近似を用いると，支配方程式は次式となる．

$$-(f_0 + \beta y)v = -g\frac{\partial \eta}{\partial x} \qquad (8.13)$$

$$(f_0 + \beta y)u = -g\frac{\partial \eta}{\partial y} \qquad (8.14)$$

この運動方程式のカール（$\nabla\times$），すなわち渦度を求め，連続の式 (7.6) を用いると次式を得る．

$$\beta v = f_0 \frac{\partial w}{\partial z} \qquad (8.15)$$

この式を，スベルドラップバランスの式（Sverdrup balance equation）とよぶ．ノルウェー（後に米国に渡る）の研究者 H. U. Sverdrup（1888～1957）が 1947 年にこの式を導出したことにより，このようによばれる（Sverdrup, 1947）．

この式の意味を考えよう．いま，コリオリパラメーターが正の北半球の海を

第 8 章 海洋大循環論

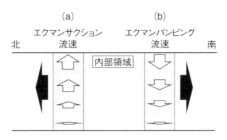

図 8.3 スベルドラップバランスから期待される水柱の南北移動
エクマンサクション流速があるとき水柱は北へ，エクマンパンピング流速があるとき水柱は南へ，それぞれ移動しなければならない．

考える．図 8.3(a) のように，$\partial w/\partial z > 0$ であれば式 (8.15) より v は正でなければならない．すなわち，このような場の海水は北向きに動くことになる．逆に，図 8.3(b) のように，$\partial w/\partial z < 0$ であれば v は負でなければならず，海水は南向きに動くことになる．

ここで，スベルドラップバランスの下での海水の輸送量を見積もる．すなわち，式 (8.15) を，海底（$-D$）からエクマン層底部（$-D_\mathrm{E}$）まで積分する．

$$\int_{-D}^{-D_\mathrm{E}} \beta v\, \mathrm{d}z = \int_{-D}^{-D_\mathrm{E}} f_0 \frac{\partial w}{\partial z}\, \mathrm{d}z \quad \rightarrow \quad \beta V = f_0[w(-D_\mathrm{E}) - w(-D)] = f_0 w_0$$

すなわち，

$$V = \frac{f_0}{\beta} w_0 = \frac{\vec{\mathrm{k}} \cdot (\nabla \times \vec{\tau})}{\rho \beta} \tag{8.16}$$

となる．最後の表現を得るために，式 (8.12) を用いた．

この V を**スベルドラップ輸送量**（Sverdrup transport）とよぶ．スベルドラップ輸送量は，エクマン輸送量の収束・発散で決まるエクマン層下部での鉛直流速 w_0 で求められることになる．さらにこれを風応力の項で表現したのが最右辺である．風の渦度の鉛直成分の正負で，スベルドラップ輸送量が正（北向き）か負（南向き）かが決まる．

図 8.4 に北太平洋の風応力の東西成分の緯度分布を示す．4.5 節で述べたように低緯度で偏東風（貿易風），中緯度で偏西風，高緯度で偏東風が卓越している．この東西成分の南北微分に負の符号を付けたものは近似的に渦度とみなすことができる．この場合，赤道域から北緯 15° 付近の偏東風の最大値の領域の渦度

8.2 エクマン流の収束発散とスベルドラップバランス

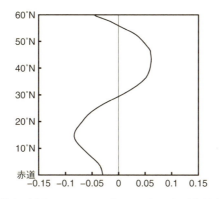

図 8.4 北太平洋上（東経 140°から西経 130°）の年平均風応力の東西成分の東西平均値で示す緯度分布
図 4.10 に示したデータを用いて作成.

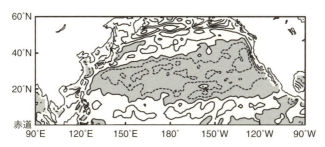

図 8.5 北太平洋上の年平均値風応力の渦度分布
陰をつけた領域は渦度が負となる．図 4.10 に示したデータを用いて作成．

は正，偏東風の最大値から北緯 45°付近の偏西風の最大値までが負，偏西風の最大値から北では正となる．すなわち，スベルドラップ輸送量はこの 3 つの領域で南から，北向き，南向き，北向きとなる．

図 8.5 は，図 4.10 に示した風応力から計算した渦度の分布である．小さなスケールでは正負の分布が入り混じっているが，大局的にみれば低緯度海洋で正の渦度，中緯度で負の渦度，高緯度で正の渦度が海洋に作用していることがわかる．したがって，低緯度海洋ではほぼ全域で海水は北向きに，中緯度では南向きに，高緯度では北向きに動くことになる．

99

8.3　西岸境界流

前節での考察から，風応力の渦度の正・負によって，海水は北・南に移動することがわかった．偏東風の最強風域と偏西風の最強風域に挟まれた中緯度海洋では，風は負の渦度をもつので海水は南向きに移動しなければならない．この海水はどこかで北へ戻る必要がある．この経路は西岸であろうか，東岸であろうか．

この問題を最初に取り扱ったのが H. Stommel (1920～92) であった (Stommel, 1948)．彼は，中緯度を模した矩形海洋で，密度は一定，粘性は鉛直方向のみが重要とおいた．支配方程式は，式 (7.10)～(7.12) を線形化した式と連続の式 (7.6) である．

$$-(f_0 + \beta y)v = -\frac{1}{\rho}\frac{\partial p}{\partial x} + K\frac{\partial^2 u}{\partial z^2} \tag{8.17}$$

$$(f_0 + \beta y)u = -\frac{1}{\rho}\frac{\partial p}{\partial y} + K\frac{\partial^2 v}{\partial z^2} \tag{8.18}$$

$$0 = -\frac{1}{\rho}\frac{\partial p}{\partial z} - g \tag{8.19}$$

$$\frac{\partial u}{\partial x} + \frac{\partial v}{\partial y} + \frac{\partial w}{\partial z} = 0 \tag{8.20}$$

境界条件は，四方を取り囲む陸岸境界では海水は横切らない（流線関数はゼロ），鉛直粘性項で海面では風応力，海底では流速に比例した摩擦がかかる，というものである．このなかで，最後の流速に比例した海底摩擦の存在は，このモデルを解析的に解くために導入されたと考えられるが，現在では，エクマン層が存在するときの摩擦項の定式化がなされたと解釈される．

ここでは具体的にこれらの方程式を解くことも，解のかたちを示すこともしない．興味のある方は，原論文をあたっていただきたい．ここでは，以下の式で定義される質量流線関数の図を示すにとどめる．

$$M_x = -\frac{\partial \psi}{\partial x}, \ M_y = \frac{\partial \psi}{\partial y}$$

ここで M_x, M_y は ρu, ρv を鉛直積分したものである．

Stommel は，具体的に流線関数を図示するにあたって，東西幅は 10^4 km，南

8.3 西岸境界流

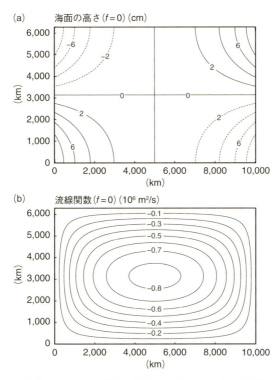

図 8.6 非回転系 ($f = 0$) の場合の海面の高さ (a) と流線関数 (b) の分布
計算に用いたパラメーターの値は Stommel (1948) と同じ.

北幅は $2\pi \times 10^3$ km, 水深 200 m, 偏東風・偏西風の風応力の最大値は $0.1\,\mathrm{N/m^2}$, 流速に比例した海底摩擦係数は $0.02/\mathrm{s}$ とおいた.

図 8.6〜8.8 に海面の高さと流線関数を示す. ただしこれらの図は, Stommel による上記のパラメーターを用いているが, 作図し直している. Stommel は地球の回転の効果, さらには球面の効果を示すために, 非回転系の場合 ($f = 0$), 一様回転系の場合 ($f = f_0$), 地球上の海洋と同じ非一様回転系の場合 ($f = f_0 + \beta y$) について計算した.

非回転系の場合 (図 8.6), 海水は南北で風下側に吹き寄せられ, 風向きに沿うように流れ, 時計回りの循環ができる. この流れは直感的にイメージしやすい. 次に一様回転系の場合 (図 8.7), 流線関数はまったく同じであるが, 海面

第 8 章 海洋大循環論

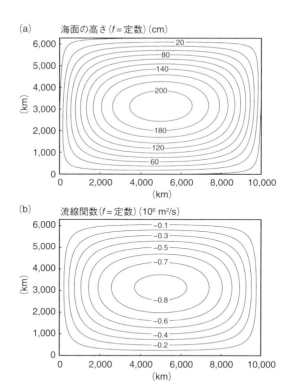

図 8.7 一様回転系（$f = f_0$）の場合の海面の高さ（a）と流線関数（b）の分布
計算に用いたパラメーターの値は Stommel（1948）と同じ．

の高さの分布が大きく異なる．すなわち，ほぼ流線関数と同じようなかたちとなる．これは，ほぼ地衡流バランスがどこでも成り立つ系であるからである．

非一様回転系の場合（図 8.8），西岸に北上する狭い強流帯ができ，海面の高さも西岸近傍で大きく盛り上がる．また，海面の高さと流線関数の形状に大きなものではないが差異が観察できる．これは摩擦の存在により，地衡流バランスが崩れていることを示している．

この節の最初に述べた北へと戻る海流は，Stommel のモデルで西岸にできることがわかった．どうして西岸にできるのかについては，いくつかの説明がなされている．以下，2 つの説明を述べる．(1) 境界域に流入する内部領域の水は相対渦度がほぼゼロであるが，境界域を北上するにつれ，絶対渦度の保存によ

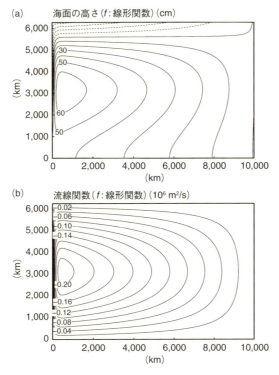

図 8.8 非一様回転系（$f = f_0 + \beta y$）の場合の海面の高さ（a）と流線関数（b）の分布
計算に用いたパラメーターの値は Stommel (1948) と同じ．

り負の渦度をもらう．これを摩擦により相殺して，ふたたび相対渦度がほぼゼロの状態で内部領域へ戻る必要がある．西岸では摩擦の存在により正の渦度をつくるので結果として負の渦度を打ち消すことができるが，東岸での摩擦は負の渦度をつくるため打ち消すことができない．したがって，内部領域と接続できる強流帯は西岸域でなければならない．(2) コリオリパラメーターの緯度変化（ベータ効果）が効くような大規模な変動は，ロスビー波（10.3 節参照）的な性質をもつので西進する．ロスビー波は西岸で反射するものの，短波長となり，波のエネルギーの東向き伝搬も遅くなり，西岸域に捕捉される．したがって，北に向かう強流帯は西岸につくられる．

　Stommel のモデルは海底摩擦を考慮したものであったが，その後水平摩擦を

取り入れたモデルなども提案された．さらに摩擦が極端に小さいときの循環も考察された．その後，コンピュータを用いた大循環数値モデルの開発により，大循環の研究はおおいに進展した．

前節で述べたSverdrupの研究の発端は，西向きの風である貿易風帯を東向きに流れる，北赤道反流（NECC）の成因を調べることであったといわれている．ここまでの説明で理解できるように，重要なのは風向きではなく，風の渦度（トルクともいえる）が正であるか負であるかが重要なのである．実際，南北風のみで負の渦度を海洋に与え，時計回りの循環を数値モデルでつくった例がある．

8.4 深層循環論

先に，深層（熱塩）循環は密度差から起こる対流的な循環であることを述べた．Stommelは1958年，はじめて深層循環の描像を提出した（Stommel, 1958）．深層流についてはほとんど観測事実がない時代であったが，卓抜したアイデアによって深層循環理論が提案されたのである．

Stommelはこの問題を次のように整理した．（1）深層水が形成されて沈降する海域は，北大西洋北部のグリーンランド周辺の海域と，南極ウェッデル海の2カ所に局在している．（2）沈み込んだ深層水は，世界の海洋のどこでもほぼ同じように湧昇している．（3）表層の大循環と同様，強い流れは海洋の西岸域に集中し，深層西岸境界流をつくる．

（2）と仮定することで，深層海洋の内部領域ではエクマンサクション流速（$w > 0$）が深層の上端に生じているのと同義となる．ここで式(8.15)のスベルドラップバランスの式から，海底で$w = 0$であるので$\partial w/\partial z > 0$となり，北半球では北向きの，南半球では南向きのスベルドラップ流となる．

以上の考察から深層循環像を描いたのが，図8.9である．南北両半球の内部領域で極向き，その水を補給するのが深層西岸境界流であるとすれば，この図が描かれることになる．

その後深層流の観測が行われ，1960年代にはガルフストリームの下層に，ガルフストリームとは逆向きの南西向きに流れる深層西岸境界流が発見された．また，栄養塩や化学物質などの分布の計測から，小さな差異があるにしても，世界の海洋ではほぼ図のような循環になっていることが明らかとなった．ただし，

8.4 深層循環論

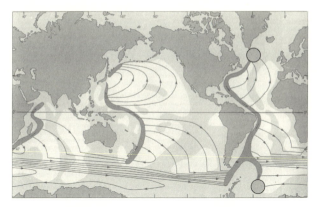

図 8.9 Stommel による深層循環像
2 カ所の沈み込み地点を円で強調している.（Stommel, 1958）

第 6 章の図 6.3 に示したように，北太平洋は反時計回りの循環ではなく，時計回りの循環であることが，**化学トレーサー**（chemical tracer）などの分布から指摘されている（Broecker and Peng, 1982）.

第9章 海洋の短周期波動

　滑らかな海面が規則的に上下するような波が伝搬することもあれば，白波を伴って尖った峰をもつ不規則な波が伝搬することもある．本章では，海洋の短周期の波を概観する．風で起こされた波やうねり，海底地殻の変形で起こされる津波がこの仲間である．また，海面からは見ることができないが，海の中にも波が存在している．海洋内部で発達した波が砕けることで乱れを生じ，海水をかき混ぜる．

9.1　波の基本的な性質

9.1.1　波の基本要素

　流体や弾性体に発生する波は，**縦波**（longitudinal wave）と**横波**（transverse wave）に分けられる．縦波は，**媒質**（medium）の振動の方向と波の進行方向とが同じ波のことをいう．密度の変動が波として伝播しているので，**疎密波**（compressional wave）ともよばれる．空気中や海水中の音波は縦波である．2.5節で述べたように，音波は情報の伝達には重要な役割を果たしているが，海水中の物質の移動や拡散，混合にほとんど影響を与えない．

　海面の上下の**変位**（displacement）としての波は，横波である．いま，平均海面からの変位を η とすれば，波は次の式で表現できる．

$$\eta = A\sin(kx - \omega t + \theta)$$

9.1 波の基本的な性質

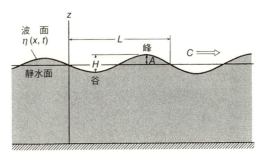

図 9.1 波の基本要素

$$= A\sin\left\{k\left(x - \frac{\omega}{k}\right) + \theta\right\}$$
$$= A\sin\{k(x - c) + \theta\}$$

ここで，A は波の**振幅**（amplitude），k は**波数**（wave number），ω は**振動数**（frequency），θ は**位相**（phase）とよばれる．$c = \omega/k$ は**位相速度**（phase velocity）とよばれる．

図 9.1 に波に関する基本要素を示す．海面の凸の頂点を**峰**（ridge），凹の最下点を**谷**（trough）とよぶ．峰から峰，あるいは谷から谷までの距離を**波長**（wavelength）L とよぶ．2π を波長 L で割ったものが波数 k である．谷から峰までの高さが**波高**（wave height）H であり，振幅 A の2倍である．$0°$（0 rad）から $360°$（2π rad）までの位相により，波長のうちのどの部分かを示すことができる．位相計測の原点を平均海面にとれば，位相 $90°$（$\pi/2$）は峰であり，$270°$（$3\pi/2$）は谷となる．

ある観察地点をひとつの波が通過する時間 T を，**波の周期**（wave period）とよぶ．2π を波の周期 T で割ったものが振動数 ω である．位相速度は波の形が移動する速度であるが，局在化した波の領域が時間的に移動するとき，この領域の移動の速度を**群速度**（group velocity）という．群速度は大きさと方向をもったベクトル量であり，波のエネルギーの伝搬速度とみなすことができる．位相速度と群速度については，9.1.3 項で解説する．

9.1.2 水 の 波

第 7 章で述べたナビエ・ストークスの運動方程式から，非粘性かつ非圧縮

性流体とし，さらに波の振幅は十分小さいとする微小振幅波の仮定の下に，水の波の性質を考察することができる．その導出は一般的な流体力学の教科書に譲る．最も重要な水の波の性質は，D を水深とするとき，波の振動数と波数の関係を示す次の**分散関係式**（dispersion relation equation）である．

$$\omega = (gk \tanh kD)^{1/2} \tag{9.1}$$

分散関係式は，波として存在するためには，振動数と波数はこの式を満足する必要があることを示している．すなわち，勝手な振動数と波数の組合せは許されないのである．

$kD = 2\pi D/L \ll 1$ のとき，すなわち，水深に比べて波長が十分に大きいときは，$\tanh kD \to kD$ であるので，式 (9.1) は次式となる．

$$\omega = \sqrt{gk^2 D} \tag{9.2}$$

これを位相速度の式で書けば（波数 k で割れば），

$$c = \sqrt{gD} \tag{9.3}$$

を得る．この $kD \ll 1$ のときの波を**浅水波**（shallow water wave）とよぶ．式 (9.3) からわかるように，浅水波の位相速度は波数（したがって波長）によらず一定である．

一方，$kD \gg 1$ のとき，すなわち，水深に比べて波長が十分に小さいときは，$\tanh kD \to 1$ であるので，式 (9.1) は次式となる．

$$\omega = \sqrt{gk} \tag{9.4}$$

これを位相速度の式で書けば，

$$c = \sqrt{\frac{g}{k}} \tag{9.5}$$

となる．この $kD \gg 1$ のときの波を**深水波**（deep water wave）とよぶ．式 (9.5) からわかるように，深水波の位相速度は波数（波長）が小さい（大きい）ほど，位相速度が大きな（小さな）波である．

9.1.3 位相速度と群速度

一見すると峰や谷といった波の形状の伝搬と波のエネルギーは同じようにみ

9.1 波の基本的な性質

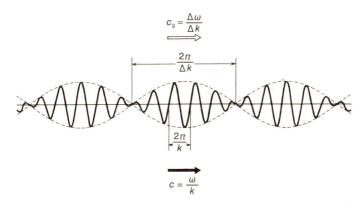

図 9.2 波数の異なる 2 つの波を重ね合わせたときに生じる搬送波（太実線）と包絡波（細い破線）

えるが，一般には異なっているのが普通である．形状の伝搬が位相速度であり，波のエネルギーの伝搬が群速度である．この事情を次の例で考える．

いま，振動数と波数がごくわずかに異なる 2 つの波の重ね合わせを考える．簡単のため振幅は等しいとおくと，次式のように変形できる．

$$\eta = A\sin(k_1 x - \omega_1 t) + A\sin(k_2 x - \omega_2 t)$$
$$= 2A\cos\left(\frac{k_1 - k_2}{2}x - \frac{\omega_1 - \omega_2}{2}t\right)\sin\left(\frac{k_1 + k_2}{2}x - \frac{\omega_1 + \omega_2}{2}t\right)$$

ここで，$(k_1-k_2)/2 = \Delta k$, $(\omega_1-\omega_2)/2 = \Delta \omega$, $(k_1+k_2)/2 = k$, $(\omega_1+\omega_2)/2 = \omega$ とおくと，上の式は次式となる．

$$\eta = 2A\cos\left\{\Delta k\left(x - \frac{\Delta \omega}{\Delta k}t\right)\right\}\sin\left\{k\left(x - \frac{\omega}{k}t\right)\right\} \tag{9.6}$$

ここで，Δk が十分小さいときには，sin( ) の部分が波長の短い波を，cos( ) の部分は短い波の峰や谷を結んだ包絡線（波）の部分を示す．このため，前者を**搬送波**（carrier wave），後者を**包絡波**（envelope wave）とよぶ．図 9.2 に搬送波と包絡波の関係を示す．前者の搬送波の伝搬速度が位相速度であり，ω/k で求められる．後者の包絡波の伝搬速度が群速度であり，$\Delta k/\Delta t \to d\omega/dk$ で求められる．包絡波はひとかたまりの波全体が動く速度であるので，波のエネルギーの伝搬速度とみなすことができる．

以上は x 軸方向に伝搬する 1 次元の波で議論したが，これを 3 次元に拡張で

きる．いま，分散関係式が3次元で定義できるとき，位相速度 $\vec{c}$ と群速度 $\vec{c}_\mathrm{g}$ は次式で求められる．

$$\vec{c} = \left(\frac{\omega}{k_x}, \frac{\omega}{k_y}, \frac{\omega}{k_z}\right) \tag{9.7}$$

$$\vec{c}_\mathrm{g} = \left(\frac{\partial \omega}{\partial k_x}, \frac{\partial \omega}{\partial k_y}, \frac{\partial \omega}{\partial k_z}\right) \tag{9.8}$$

以上のことは，縦軸に ω，横軸に $\vec{k}$ を取った分散関係図では，位相速度は分散曲線の原点からの傾きで，群速度は分散曲線の勾配で得られることを意味している．

一見，波の位相速度と群速度は同じ方向に伝搬するように思えるが，波の性質によってその関係は大きく異なる．反対向きの場合あれば，後に述べる内部波の場合，2つ速度の進行方向は直角をなす．

9.1.4 波の分類

海洋には多種多様な波が存在する．9.1.1 項では縦波と横波，9.1.2 項では浅水波と深水波という分類をしたが，その他の観点からも波を分類できる．

媒質中に波が存在するためには**復元力**（restoring force）が必要である．この復元力により分類ができる．通常の海面の凹凸としての波は，重力が復元力であり，**重力波**（gravity wave あるいは gravitational wave）とよばれる．この凹凸も波長が数 cm 以下になると，重力よりも**表面張力**（surface tension）の効果が大きくなり，この効果が卓越する波を**表面張力波**（capillary wave）とよぶ．次章で詳しく述べるが，大規模長周期の波には，地球の回転効果の緯度変化が復元力となるロスビー波とよばれる波が存在する（10.3 節参照）．このような波を**惑星波**（planetary wave）とよぶ．なお，あまり用いられることはないが，地球の回転を止めても残る波を**第 1 種波動**（wave of the 1st kind），回転の効果が本質的な波動を**第 2 種波動**（wave of the 2nd kind）とよぶこともある．

波長により位相速度が異なる波を**分散性波動**（dispersive wave），波長によらず位相速度が同じ波を**非分散性波動**（nondispersive wave）という．前節でみたように，深水波は前者であり，浅水波は後者である．また，次節で述べるように，波長の短い風波やうねりは前者，波長の長い津波は後者である．

重力を復元力とする風波などの海面の波と，同じく重力を復元力とするが，海中

に存在する波を区別することがある．前者を**外部重力波**（external gravitational wave），後者を**内部重力波**（internal gravitational wave），あるいはたんに**内部波**（internal wave）とよぶ．

強制力がない状態でも，ある条件下では時間的に振幅が大きくなる波がある．このような波を**不安定波**（unstable wave）とよぶ．これに対し，時間的に振幅が変化しない波を**中立波**（neutral wave），逆に小さくなる波を**減衰波**（damped wave）とよぶ．

9.2 波浪と津波

9.2.1 風波とうねり

海洋上に風が吹くと海面に凹凸ができる．この波を**風波**（wind wave, ふうは，あるいはかざなみと読む）とよぶ．風が吹き続ける時間（**連吹時間**，duration）が長ければ長いほど，また，風下側へ離れれば離れる（**吹走距離**，fetch）ほど，波は発達する．図9.3に，風洞水槽で実験した風波のスペクトルを示す．図9.3(a)は吹送距離によってスペクトルピークが左上方に移動していることがわかる．すなわち，次第に振動数（周波数）の低い，したがって波長の長い波に発達し

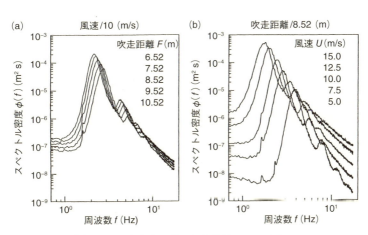

図 9.3　室内実験で得られた風波のスペクトル
（a）吹走距離によるスペクトルの違い．（b）風速によるスペクトルの違い．（光易, 1995）

第 9 章　海洋の短周期波動

図 9.4　風速 20 m/s の強風下で発達した風波
研究船白鳳丸の 1975 年 2 月の東シナ海航海時に撮影された．（撮影者 石橋道芳氏，光易 恒九州大学名誉教授提供）

ていることがわかる．図 9.3(b) に示したスペクトルは，同じ吹走距離でも風速が強ければ強いほど，スペクトルピークが左上方に移動しており，大きな波に発達することを示している．

外洋域の風波は，海面ブイや海底に設置された圧力計などで計測されている．図 9.4 に船舶から撮影した風波の写真を示す．撮影時は風速約 20 m/s の荒天候で，波高の高い風波ができ，波の峰付近には**白波**（white cap, しらなみ）を伴っていることがわかる．同時に，大量のしぶきが飛んでいる．海面の凹凸は三角関数型のきれいな波ではなく，進行方向にやや尖がって，白波やより小さな波（表面張力波）を伴っていることが多い．

ある一定の時間，波高や周期を計測し，それらを波高の高いほうから並べたとき，その高いほうから 3 分の 1 までの波の波高や周期を平均したものを，**有義波**（significant wave）とよぶ．その波高や周期を有義波高や有義波周期とよぶが，これらは人間の目で観察して求めた平均の波高や周期と近い値であるといわれている．現在，天気予報などで紹介される波高は，この有義波高のことである．

風波は風が吹いているときの波であり，風が止むと表面張力波や白波が消え，表面が滑らかで三角関数型の波である**うねり**（swell）となる．通常の風波の波長は数十 cm から長波長で数十 m に達するものの，波長は大部分の海の水深よりも短い．すなわち，うねりは深水波であり，分散性の波である．深水波は波長が長いほど位相速度が速いため，波長の長いうねりほど減衰せずに速く遠く

112

まで伝搬する．夏のお盆を過ぎると，"土用波"に注意などと紹介されることがある．これは遠く離れた低緯度において台風などで発生した風波が，発生域を離れて日本沿岸へ伝搬してくるうねりである．風波とうねりを合わせて"波浪"とよぶ．

9.2.2 津　波

地震をひき起こす断層破壊が海底付近で起こり，海底地形に大きな変化を伴うとき，**津波**（tsunami）が発生する．日本周辺の海域や南米のチリ沖，インドネシア周辺海域などでは大きな津波が何度も発生し，甚大な被害をもたらしている．

津波とは，津（港）の波のことであり，外洋域では感じるような波ではないが，海岸付近にくると波高が増大し，とくに湾口が広く，湾奥が狭いような地形のところで大きな波高となることから，このようによばれている．

図9.5は，日本の観測史上最大の地震である2011年3月11日に発生したマグニチュード9.1の"東北地方太平洋沖地震"により励起された津波のシミュレーションの図である．地震発生から15分後の津波の様子である．この津波は，日本海溝沿いに沈み込む太平洋プレートの上に乗っている北米プレートが2度にわたり大きく破壊され，最大50 mの横すべりと5 mの隆起を起したことにより励起されたと考えられている．

図9.5　数値モデルでシミュレートされた津波
東北地方太平洋沖地震（2011年3月11日午後2時46分）の発生から15分後の様子
（東北大学災害科学国際研究所 今村文彦教授提供）（カラー図は口絵3参照）

第9章 海洋の短周期波動

通常，津波の周期は数分から数十分，波長は数 km から数十 km，ときには数百 km となる．したがって，水深よりも波長が長い波，すなわち，浅水波であり非分散性の波である．

9.3 境界面波と内部重力波

風波や津波は海面すなわち海洋と大気との境界面の凹凸としての波であるので，**境界面波動**（interfacial wave）である．海水と大気の密度には約 1,000 倍の違いがあるので，事実上，上部に何も乗っていないとの取扱いで十分である．同様に海中に異なる密度の流体が重なっているとき，海面の波と同じように境界面が変位する波が存在しうる．ただし，この場合復元力は重力そのものでなく，浮力の効果を差し引いた密度差に比例した重力が有効な復元力となる．また，9.1.4 項で述べたように，海水中に密度成層があるときも波動が存在し，この波を内部重力波（内部波）とよぶ．以下この節では境界面波動として重要なケルビン・ヘルムホルツ不安定による波動と，内部波の位相速度と群速度の奇妙な関係について述べる．

9.3.1 ケルビン・ヘルムホルツ不安定

図 9.6 のように，ある面を境に密度の異なる流体が接し，それぞれの層は異なる速度で流れているとする．この密度差と流速差で決まるある条件の下で，初期に波が存在していなくとも時間とともに境界面が波うちはじめ，その波動が発達し，ついには砕けて乱流状態になることが知られている．図 9.7 はこの一連のプロセスを模式的に描いたものである（Woods and Willey, 1972）．このよ

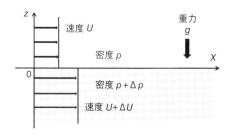

図 9.6　ケルビン・ヘルムホルツ (K–H) 不安定を考察する際のモデル

9.3 境界面波と内部重力波

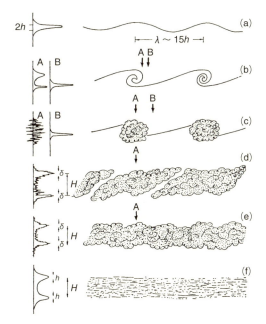

図 9.7 ケビン・ヘルムホルツ不安定による波の発生から砕波に至る過程の模式図
左側に示した図は、右側の図の A と B の位置における密度の鉛直勾配を示す。h は密度が変化する層の厚さを、δ は混合した層の上面と下面において密度が変化する層の厚さをそれぞれ示す。不安定が起こり波が次第に大きくなり (a)、ついには巻き波となり (b)、砕波を起こす (c)。乱流混合が次第に広がり (d,e)、上層と下層の中間の密度をもつ厚さ H の新しい層ができる (f)。(Woods and Willey, 1972).

うなタイプの不安定を、研究者の名前を冠してケルビン・ヘルムホルツ不安定 (Kelvin-Helmholtz instability)、あるいはたんに **K–H 不安定**とよぶ。

Kelvin とは英国の科学者の W. Thomson (1824〜1907) のことで、爵位を与えられたことで Lord Kelvin (ケルビン卿) とよばれた。熱力学などに多大な貢献をしたが、ケルビンの循環定理ともよばれるように、流体力学の分野でも貢献した。H. Helmholtz (1821〜1894) はドイツの生理学・物理学の科学者で、Thomson 同様多くの分野で貢献したが、流体力学でも任意のベクトル場は非回転成分と非発散成分に分解できるなどの業績がある。

この K–H 不安定は海中にかぎらず、大気などでも頻繁に観察されている。大気の K–H 不安定は雲などによって可視化されることが多いので、K–H 不安定

第 9 章 海洋の短周期波動

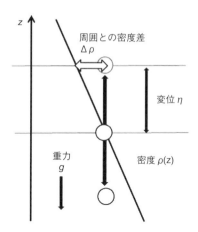

図 9.8　パーセル法によりブラント・バイサラ振動数を導出する際のモデル

を示す多くの雲画像が報告されている．図 9.7(f) に示すように，最終的には 2 つの層の流体はかき混ぜられ，中間の密度の層ができる．K–H 不安定は海洋や大気の乱流混合の一翼を担っていると考えられている．

9.3.2　内部重力波

　上部ほど密度が軽い安定な成層をなしている系があるとする．図 9.8 のように，ある深さの密度 ρ_0 の流体粒子を上方に η だけ仮想的に変位させたとする．この流体粒子は周囲より重いので下向きに重力がはたらき，粒子は下方へと動きだす．粒子は加速しているのでもとの位置を通り越してさらに沈むが，今度は周囲より相対的に軽くなるので，今度は浮力を受けて上向きの力がかかる．すると沈降の動きは止み，今度は上方へ動き出す．すなわち，この粒子は元の位置を中心に振動現象を起こすことが推察できる．なお，このように仮想的な流体粒子を考え，この粒子は運動の最中，周囲の水と混じらないとする取扱いをパーセル法（parcel method）という．

　これを以下のように定式化する．まず，η だけ変位したときの周囲の密度との差は次式で表される．

$$\Delta \rho = -\eta \frac{d\rho}{dz} \tag{9.9}$$

これに重力がはたらいて復元力となる．すなわち，バネにつるした質点にはたらく力と相似である．いま，摩擦（粘性）力ははたらかないとする．$w = \mathrm{d}\eta/\mathrm{d}t$ であるので，左辺に加速度項をおき，右辺に作用する力の項をおくと，流体粒子の運動方程式は次式となる．

$$\rho_0 \frac{\mathrm{d}^2\eta}{\mathrm{d}t^2} = -\eta \frac{\mathrm{d}\rho}{\mathrm{d}z} g \tag{9.10}$$

この式は次の振動解をもつ．

$$\eta = A\sin(\omega t)$$

ここで，

$$\omega = \left(-\frac{g}{\rho_0}\frac{\mathrm{d}\rho}{\mathrm{d}z}\right)^{1/2} \equiv N \tag{9.11}$$

である．この N のことを**ブラント・バイサラ振動数**（Brunt-Väisälä frequency），あるいは**浮力振動数**（buoyancy frequency）とよぶ．

以上の簡単なモデルの考察により，海中に密度成層があるとき，振動する現象，すなわち波が存在するであろうことが期待できる．実際，水の波と同様，微小振幅波の仮定の下に，運動方程式や連続式などを組み合わせて波動解を得ることができる．この具体的な導出は海洋や大気の力学を扱った教科書に譲り，ここでは分散関係式のみを書いておく．y 軸方向には一様として，x-z の 2 次元平面内の内部波とすると，分散関係式は次式となる．

$$\omega = N\left(\frac{k_x{}^2}{k_x{}^2 + k_z{}^2}\right)^{1/2} \tag{9.12}$$

ここで，k_x と k_z は，それぞれ x 軸方向と z 軸方向の波数である．

この式からわかることは，カッコ内の値は最大 1 であるので，内部波の最大の振動数はブラント・バイサラ振動数であることがわかる．これより大きい振動数をもつ波は存在できないのである．

次に分散関係式 (9.12) から，式 (9.7) と式 (9.8) により位相速度と群速度を求めると次式となる．

$$c_x = \frac{\omega}{k_x} = \pm N\left(\frac{1}{k_x{}^2 + k_z{}^2}\right)^{1/2} \tag{9.13}$$

$$c_z = \frac{\omega}{k_z} = \pm N\frac{k_x}{k_z}\left(\frac{1}{k_x{}^2 + k_z{}^2}\right)^{1/2} \tag{9.14}$$

第 9 章 海洋の短周期波動

図 9.9 内部波の位相速度と群速度の関係（a）と波束の伝搬（b）
この図の場合，波束内の位相は右下方に伝搬するのに対し，波束全体は右上へ伝搬する．

$$c_{g_x} = \frac{\partial \omega}{\partial k_x} = N \frac{k_z^2}{(k_x^2 + k_z^2)^{3/2}} \tag{9.15}$$

$$c_{g_z} = \frac{\partial \omega}{\partial k_z} = -N \frac{k_x k_z}{(k_x^2 + k_z^2)^{3/2}} \tag{9.16}$$

ここで，波数ベクトル $\vec{k} = (k_x, k_z)$ と群速度ベクトル $\vec{c_g} = (c_{g_x}, c_{g_z})$ の内積を取るとゼロとなる．すなわち，位相速度の方向である波数ベクトルの方向と群速度は直交しているのである．

容器に入れた成層している流体中に物体を入れて振動させ，内部波を発生させる実験が行われている（Mowbray and Rarity, 1967）．先に述べたように，ブラント・バイサラ振動数よりも速い振動を与えても容器内に波は発生しない．次第に振動数を遅くしていくと波が発生し，四方へ伝搬しはじめる．このときの位相の伝搬と群速度の方向の関係を図 9.9 に示す．物体から四方に放射されるように波が存在する．波全体のエネルギーはこの物体から遠ざかる方向に伝搬しており，この部分を波線とよぼう．この波線のなかで，波の位相は波線と直交する方向，すなわち，右上の部分であれば左上から右下へと進む．一方，右下の波線であれば，波の位相は左下から右上へと進む．

いま，位相ベクトル $\vec{c}$ と x 軸のなす角度を α とおけば，

$$\cos \alpha = \frac{k_x}{(k_x^2 + k_z^2)^{1/2}} = \frac{\omega}{N} \tag{9.17}$$

となる．すなわち，$\omega \to N$ につれて $\alpha \to 0$ となり，位相速度は水平に近くなり，一方，$\omega \to 0$ につれて $\alpha \to \pi/2$ となり，位相速度は鉛直に近くなることがわかる．内部波の位相が上方（下方）に伝搬しているときは，波のエネルギーは下方（上方）に伝搬しているのである．

第10章 海洋の長周期波動

　運動の場にコリオリ力が効くような大規模で時間スケールの長い波動を考える．密度一定で1層の浅い海を仮定する．はじめにこのような海の運動に適した方程式系を導出する．これらの方程式系を用いて，慣性重力波やロスビー波，ケルビン波などの波動について考察する．

10.1 浅海方程式系

　この節では，この章の考察で用いる一連の方程式について導出する．座標系は第7章で導入した直交直線座標系を採用する．また，流体は非粘性でかつ非圧縮性とし，密度は一定とする．したがって，運動方程式は式 (7.10)〜(7.12) で粘性項を落とした式，連続の式は式 (7.6) となる．コリオリパラメーターは β-平面近似である式 (7.9) で表現される．改めて以下に書き下しておく．

$$x \text{ 軸方向（東向き）}: \frac{\partial u}{\partial t} + u\frac{\partial u}{\partial x} + v\frac{\partial u}{\partial y} + w\frac{\partial u}{\partial z} - (f_0 + \beta y)v = -\frac{1}{\rho}\frac{\partial p}{\partial x} \tag{10.1}$$

$$y \text{ 軸方向（北向き）}: \frac{\partial v}{\partial t} + u\frac{\partial v}{\partial x} + v\frac{\partial v}{\partial y} + w\frac{\partial v}{\partial z} + (f_0 + \beta y)u = -\frac{1}{\rho}\frac{\partial p}{\partial y} \tag{10.2}$$

$$z \text{ 軸方向（上向き）}: \frac{\partial w}{\partial t} + u\frac{\partial w}{\partial x} + v\frac{\partial w}{\partial y} + w\frac{\partial w}{\partial z} = -\frac{1}{\rho}\frac{\partial p}{\partial z} - g \tag{10.3}$$

$$\text{連続の式}: \frac{\partial u}{\partial x} + \frac{\partial v}{\partial y} + \frac{\partial w}{\partial z} = 0 \tag{10.4}$$

第 10 章　海洋の長周期波動

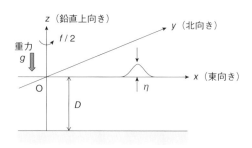

図 10.1　浅海方程式系で扱うモデル海洋

ここで，図 10.1 で示すようなモデル海洋を考える．海底は平坦であり，水深を $-D$ とする．平均海面からの海面の変位を η とする．海面における大気圧 p_a は一定とする．

いま，地衡流バランスの考察で行ったように，連続の式 (10.4) から鉛直流速の大きさを見積もろう．現象の水平流速の代表的な大きさを U，水平スケールを L，鉛直スケールを D，鉛直流速の代表的な大きさを W とすれば次式を得る．

$$W \sim U\frac{D}{L} = \delta U$$

すなわち，$D/L \equiv \delta \ll 1$ と仮定すれば，鉛直流速は水平流速よりもはるかに小さいと見積もられる．このギリシア文字 δ（デルタ）は現象の**アスペクト比**（aspect ratio）である．

この仮定から水平の運動方程式に現れる $w\partial(\ )/\partial z$ の移流項は，他の項に比べてアスペクト比分だけ小さいと見積もられ，無視できることになる．また，鉛直の運動方程式からは，地衡流近似方程式と同様，圧力傾度力項と重力項が卓越していると見積もられ，結局圧力は，静水圧の式 (7.17) で表現できることとなる．

$$p(z) = \rho g(\eta - z) + p_\mathrm{a} \tag{7.17}$$

したがって，水平方向の圧力傾度力は次のように表現できる．

$$-\frac{1}{\rho}\frac{\partial p}{\partial x} = -g\frac{\partial \eta}{\partial x} \tag{10.5}$$

$$-\frac{1}{\rho}\frac{\partial p}{\partial y} = -g\frac{\partial \eta}{\partial y} \tag{10.6}$$

ここで，圧力勾配の項は水深 z の関数でないことに注意されたい．海面の変位の勾配で決まる圧力勾配が，全層を通じてはたらいている．これは，水平流速は深さ方向に一定であることを意味する．結局，運動方程式は次式となる．

x 軸方向（東向き）： $\dfrac{\partial u}{\partial t} + u\dfrac{\partial u}{\partial x} + v\dfrac{\partial u}{\partial y} - (f_0 + \beta y)v = -g\dfrac{\partial \eta}{\partial x}$ (10.7)

y 軸方向（北向き）： $\dfrac{\partial v}{\partial t} + u\dfrac{\partial v}{\partial x} + v\dfrac{\partial v}{\partial y} + (f_0 + \beta y)u = -g\dfrac{\partial \eta}{\partial y}$ (10.8)

次に連続の式 (10.4) を，海底（$-D$）から海面（η）まで積分する．

$$\int_{-D}^{\eta} \left(\frac{\partial u}{\partial x} + \frac{\partial v}{\partial y} \right) dz + \int_{-D}^{\eta} \frac{\partial w}{\partial z} dz = 0$$

ここで，$h = \eta + D$ とするとき，水平流速 u や v は深さに依存しないのであるから，次のように書ける．

$$h\frac{\partial u}{\partial x} + h\frac{\partial v}{\partial y} + [w]_{-D}^{\eta} = 0$$

海底での鉛直流速はゼロ，海面での鉛直流速 w は $D\eta/Dt \equiv Dh/Dt$ であるから，次式を得る．

$$\frac{Dh}{Dt} + h\frac{\partial u}{\partial x} + h\frac{\partial v}{\partial y} = 0$$

または変形して次式を得る．

$$\frac{\partial h}{\partial t} + \frac{\partial}{\partial x}(hu) + \frac{\partial}{\partial y}(hv) = 0 \tag{10.9}$$

なお，局所時間微分の項は $\partial \eta/\partial t$ と表記できる．すなわち，3つの未知数 u，v，h（または η）に対して，3つの支配方程式が得られた．これらの式 (10.7)，(10.9) を**浅海（水）方程式**（shallow water equation）系とよぶ．次節から，浅海方程式系を用いて，海洋の長周期波動を考察する．

10.2 慣性重力波

流れの場は緩やかであると仮定しよう．u や v，η は微小な量とすると，それらの積の項は，他の項に比して 2 次（2乗）の微小量となり，無視できることになる．このような取扱いを**線形化**（linearization）とよぶ．また，場は f_0-平

面で近似できるとする．したがって，線形化された方程式は次式となる．

$$\frac{\partial u}{\partial t} - f_0 v = -g\frac{\partial \eta}{\partial x} \tag{10.10}$$

$$\frac{\partial v}{\partial t} + f_0 u = -g\frac{\partial \eta}{\partial y} \tag{10.11}$$

$$\frac{\partial \eta}{\partial t} + D\left(\frac{\partial u}{\partial x} + \frac{\partial v}{\partial y}\right) = 0 \tag{10.12}$$

これらの式から，η に関する式を得るため，式 (10.10)，(10.11) から渦度と発散に関する式をつくり，式 (10.12) を用いると，次式を得る．

$$\frac{\partial}{\partial t}\left\{\left(\frac{\partial^2}{\partial t^2} + f_0\right)\eta - gD\nabla^2\eta\right\} = 0 \tag{10.13}$$

ここで，峰や谷の等位相線が直線であるような次の**平面波解** (plane wave solution) を仮定する．

$$\eta = \eta_0 \exp\{\mathrm{i}(k_x x + k_y y - \omega t)\} \tag{10.14}$$

この式を式 (10.13) に代入し整理すると，次式を得る．

$$\omega\{\omega^2 - f_0{}^2 - (k_x + k_y)gD\} = 0$$

したがって，

$$\omega = 0 \tag{10.15}$$

$$\omega = \pm(f_0{}^2 + (k_x{}^2 + k_y{}^2)gD)^{1/2} \tag{10.16}$$

なる分散関係式を満たせば波動は存在することができる．このうち，式 (10.15) で表される運動は振動する解ではなく，式 (10.10)〜(10.12) に戻れば，時間変化項がない場に対する解が得られたことになる．すなわち，任意の海面変位に対し，地衡流バランスした流れの場が解となる．

次に，$\omega \neq 0$ の解であるが，簡単のため，

$$K^2 = k_x{}^2 + k_y{}^2 \tag{10.17}$$

とおけば，分散関係式は次のように書ける．

$$\omega = \pm(f_0{}^2 + K^2 gD)^{1/2} \tag{10.18}$$

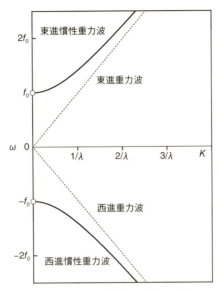

図 10.2 慣性重力波の分散関係式

用いたパラメーターは，$f_0 = 10^{-4}$/s，$D = 4,000$ m，$g = 9.8$ m/s^2．波数 K は $(k_x{}^2 + k_y{}^2)^{1/2}$ であり，ロスビー変形半径（ギリシア文字 λ（ラムダ）で示す）で規格化した．

図 10.2 に分散関係式の模式図を示す．また，位相速度を求めれば次式となる．

$$c = \frac{\omega}{K} = \pm (gD)^{1/2} \left(1 + \frac{f_0{}^2}{gDK^2}\right)^{1/2} \tag{10.19}$$

この波動を**慣性重力波**（inertial-gravity wave）とよぶ．式 (10.19) において 2 つ目のカッコの中はつねに 1 より大きいので，浅水重力波よりもつねに位相速度が大きな波である．また，位相速度が波数の関数であるので，この波は分散性波動である．

10.3 ロスビー波

コリオリパラメーターの緯度変化が効くような大規模な波動を考える．はじめに非発散性を仮定した波動を，次に発散，すなわち，海面の変位を許した波動を扱う．そして最後に，海底地形の傾斜がコリオリパラメーターの緯度変化

10.3.1 非発散性ロスビー波

運動の場は緩やかで，u, v は微小量であるとし，海面変位 η が無視できるものとして考察しよう．すなわち，水平流速の収束発散はないとする**非発散性**（nondivergent）波動を考察する．浅海方程式系（式 (10.7)〜(10.9)）は次式となる．

$$\frac{\partial u}{\partial t} - (f_0 + \beta y)v = 0 \tag{10.20}$$

$$\frac{\partial v}{\partial t} + (f_0 + \beta y)u = 0 \tag{10.21}$$

$$\frac{\partial u}{\partial x} + \frac{\partial v}{\partial y} = 0 \tag{10.22}$$

式 (10.21) を x で微分したものから，式 (10.20) を y で微分したものを引き，連続の式 (10.22) を用いると，以下の**渦度方程式**（vorticity equation）を得る．

$$\frac{\partial \zeta}{\partial t} + \beta v = 0 \tag{10.23}$$

ここでギリシア文字 ζ（ゼータ）は渦度の鉛直成分（鉛直軸周りの渦度）であり，

$$\zeta = \frac{\partial v}{\partial x} - \frac{\partial u}{\partial y} \tag{10.24}$$

とおいた．式 (10.23) は，「流体柱の相対渦度 ζ の時間変化は，南北流 v による惑星渦度 β の移流によって決まる」と解釈できる．

ここで，**相対渦度**（relative vorticity）と惑星渦度について説明する．流速ベクトルにカール（$\nabla\times$）を施したものを**渦度**（vorticity）とよぶ．渦度はベクトル量で3成分をもつが，大規模な場では，式 (10.23) で定義される鉛直成分のみが重要である．さて，地球は回転しているため，たとえ流体が固体地球に相対的な運動をしていなくとも渦度をもっている．この渦度のことを**惑星渦度**（planetary vorticity）とよぶ．その値はコリオリパラメーター（$f = f_0 + \beta y$）である．一方，運動している場の渦度が相対渦度であり，その和を**絶対渦度**（absolute vorticity）とよぶ．

さて，もう一度式 (10.23) に戻る．式 (10.22) が成り立っているので，流線関数 ψ を導入する．

10.3 ロスビー波

$$u = -\frac{\partial \psi}{\partial y}, \quad v = \frac{\partial \psi}{\partial x} \tag{10.25}$$

したがって，式 (10.24) は次式となる．

$$\frac{\partial}{\partial t}\left\{\left(\frac{\partial^2}{\partial x^2} + \frac{\partial^2}{\partial y^2}\right)\psi\right\} + \beta\frac{\partial \psi}{\partial x} = 0 \tag{10.26}$$

ここで，次のような平面波解を考える．

$$\psi = \psi_o \exp\{i(k_x x + k_y y - \omega t)\} \tag{10.27}$$

これを式 (10.26) に代入して整理すれば，次の分散関係式を得る．

$$\omega = \frac{-\beta k_x}{k_x^2 + k_y^2} \tag{10.28}$$

この分散関係式を満たす波を，最初に議論した研究者の名前 C.-G. Rossby（1898～1957）を冠して**ロスビー波**（Rossby wave）とよぶ．Rossby はスウェーデン生まれで米国で活躍した気象研究者である．1939 年，中緯度大気の偏西風の波動は，このようなコリオリ力の緯度変化が復元力となる波動で説明できることを指摘した（Rossby *et al.*, 1939）．

図 10.3 に分散関係式の模式図を示す．また，位相速度ベクトルと群速度ベクトルを求めれば，次式となる．

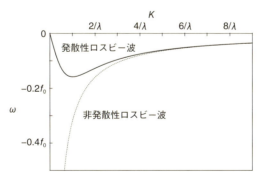

図 10.3 非発散性ロスビー波と発散性ロスビー波の分散関係式
用いたパラメーターは，図 10.2 と同じく，$f_0 = 10^{-4}$ /s，$D = 4{,}000$ m，$g = 9.8$ m/s^2．また，β は 1.6×10^{-11} /ms とした．波数 K は k_x とし，k_y は 0 とした．波数はロスビー変形半径（λ）で規格化している．

第 10 章 海洋の長周期波動

$$\vec{c} = (c_x,\ c_y) = \left(\frac{\omega}{k_x},\ \frac{\omega}{k_y}\right) = \left(\frac{-\beta}{k_x{}^2 + k_y{}^2},\ \frac{-\beta k_x/k_y}{k_x{}^2 + k_y{}^2}\right) \tag{10.29}$$

$$\vec{c_\mathrm{g}} = \left(\frac{\partial \omega}{\partial k_x},\ \frac{\partial \omega}{\partial k_y}\right) = \left(\frac{\beta(k_x{}^2 - k_y{}^2)}{(k_x{}^2 + k_y{}^2)^2},\ \frac{2\beta k_x k_y}{(k_x{}^2 + k_y{}^2)^2}\right) \tag{10.30}$$

南北両半球で β は正であるので，位相速度の東西成分は必ず負であることがわかる．すなわち，ロスビー波の位相速度は南北両半球で必ず西向きなのである．一方，群速度の東西成分は，波数 k_x と k_y の大小で向きが異なる．$k_x > k_y$ のときは東向きに，$k_x < k_y$ のときは西向きとなる．渦のような流れの場をイメージすれば，東西軸よりも南北軸が長い渦は東向きに，逆に南北軸よりも東西軸が長い渦は西向きに，それぞれエネルギーが伝搬する．前者の波を短波，後者の波を長波とよぶこともあり，長波ロスビー波のエネルギーは西向きに，短波ロスビー波のエネルギーは東向きに伝播する，などと表現する．

10.3.2 発散性ロスビー波

この節では，海面変位 η が存在するとして議論する．すなわち，**発散性**（divergent）波動を扱う．ふたたび $u,\ v,\ \eta$ は微小量であるとすると，線形化された方程式系は次式となる．

$$\frac{\partial u}{\partial t} - (f_0 + \beta y)v = -g\frac{\partial \eta}{\partial x} \tag{10.31}$$

$$\frac{\partial v}{\partial t} + (f_0 + \beta y)u = -g\frac{\partial \eta}{\partial y} \tag{10.32}$$

$$\frac{\partial \eta}{\partial t} + D\left(\frac{\partial u}{\partial x} + \frac{\partial v}{\partial y}\right) = 0 \tag{10.33}$$

前節と同様，渦度方程式を求めると次式となる．

$$\frac{\partial \zeta}{\partial t} + (f_0 + \beta y)\left(\frac{\partial u}{\partial x} + \frac{\partial v}{\partial y}\right) + \beta v = 0 \tag{10.34}$$

ここで，式 (10.34) の左辺第 2 項を式 (10.33) を用いて変形し，さらに $f_0 \gg \beta y$ として近似すると，次式となる．

$$(f_0 + \beta y)\left(\frac{\partial u}{\partial x} + \frac{\partial v}{\partial y}\right) = (f_0 + \beta y)\left(-\frac{1}{D}\frac{\partial \eta}{\partial t}\right) \sim -\frac{f_0}{D}\frac{\partial \eta}{\partial t}$$

したがって，式 (10.34) は次式となる．

$$\frac{\partial}{\partial t}\left(\zeta - \frac{f_0}{D}\eta\right) + \beta v = 0 \tag{10.35}$$

10.3 ロスビー波

非発散性ロスビー波の渦度方程式との違いは，局所時間微分項の中に海面変位に関する項が現れることである．この項は，水の厚さが伸縮することによる渦度の変化項と解釈される．

ここで，基本場は地衡流が成り立っているとし，$\psi = g\eta/f_0$ なる流線関数を導入する．すなわち，$u = -\partial\psi/\partial y, v = \partial\psi/\partial x$ である．この流線関数 ψ で式 (10.35) を書けば次式を得る．

$$\frac{\partial}{\partial t}\left\{\left(\frac{\partial^2}{\partial x^2} + \frac{\partial^2}{\partial y^2}\right)\psi - \frac{f_0^2}{gD}\psi\right\} + \beta\frac{\partial \psi}{\partial x} = 0 \tag{10.36}$$

この方程式の解として，ここでも次のような平面波解を考えよう．

$$\psi = \psi_0 \exp\{i(k_x x + k_y y - \omega t)\} \tag{10.37}$$

これを式 (10.28) に代入して分散関係式を求めれば，次式を得る．

$$\omega = -\frac{\beta k_x}{k_x^2 + k_y^2 + (1/\lambda^2)} \tag{10.38}$$

ただし，

$$\lambda = \left(\frac{f_0^2}{gD}\right)^{-1/2} = \frac{\sqrt{gD}}{f_0} \tag{10.39}$$

とおいた．

図 10.3 に，分散関係式 (10.28) の模式図を示す．前節の発散性ロスビー波は，$k_x \to 0$ のとき $\omega \to \infty$ となったが，海面変位をもつ発散性ロスビー波では λ が存在するため，$\omega \to 0$ に収束する．

さて，この λ は，大気や海洋で重要な意味をもっている．λ は，波が存在する場を示す 3 つのパラメーター，水深，重力，コリオリパラメーター（場が回転している角速度の 2 倍）で決まる量で，長さの次元をもっている．すなわち，λ は場を"代表する"，あるいは場を"特徴づける"長さである．このことは，非地衡流の場が地衡流に変化していく過程を考察する**地衡流調節問題**（geostrophic adjustment problem）で，つねに λ が場を特徴づける量になることからもわかる（地衡流調節問題については本書では扱わない）．次節で扱うケルビン波においても，この量が出現する．

この λ を，**ロスビーの変形半径**（Rossby's radius of deformation）とよぶ．この章では流体層が 1 層のモデルを考えているので，ロスビーの**外部変形半径**

(external radius of deformation) とよぶこともある．

10.3.3 地形性ロスビー波

この章では平坦な海を考えているが，この項では例外的に水深が変化する海を考えよう．コリオリパラメーターの緯度変化の効果が，海底傾斜によっても生ずることを示す．いま，コリオリパラメーターが f_0 と一定の海を考える．海底には y 軸方向に一定の傾斜 $\gamma\,(<0)$ があるとする．すなわち，北向きに浅くなっているとする．このような場の波動を考える．すなわち，水深 D を次のようにおく．

$$D = D_0 + \gamma y \tag{10.40}$$

ただし，ギリシア文字 γ（ガンマ）は微小量とし，$D_0 \gg \gamma y$ がつねに成り立っているとする．

式 (10.7)〜(10.9) は次のように書ける．

$$\frac{\partial u}{\partial t} - f_0 v = -g\frac{\partial \eta}{\partial x} \tag{10.41}$$

$$\frac{\partial v}{\partial t} + f_0 u = -g\frac{\partial \eta}{\partial y} \tag{10.42}$$

$$\frac{\partial \eta}{\partial t} + \frac{\partial}{\partial x}\{(D_0+\gamma y)u\} + \frac{\partial}{\partial y}\{(D_0+\gamma y)v\} = 0 \tag{10.43}$$

式 (10.43) を，$D_0 \gg \gamma y$ を利用して線形化すると，

$$\frac{\partial \eta}{\partial t} + D_0 \frac{\partial}{\partial x}u + D_0\frac{\partial}{\partial y}v + \gamma v = 0$$

となり，したがって，

$$\frac{\partial u}{\partial x} + \frac{\partial v}{\partial y} = -\frac{1}{D_0}\frac{\partial \eta}{\partial t} - \frac{\gamma}{D_0}v$$

を得る．式 (10.41)，(10.42) から渦度方程式をつくり，上記の関係を用いれば，次式を得る．

$$\frac{\partial}{\partial t}\left(\zeta - \frac{f_0}{D_0}\eta\right) - \frac{f_0 \gamma}{D_0}v = 0$$

いま，$\beta_{\rm t} = -f_0\gamma/D_0$ とおいて書き換えると，次式となる．

$$\frac{\partial}{\partial t}\left(\zeta - \frac{f_0}{D_0}\eta\right) + \beta_t v = 0 \tag{10.44}$$

この式と式 (10.35) を比較すると，まったく同じかたちの渦度方程式であることがわかる．すなわち，コリオリパラメーターの緯度変化の効果と，海底地形の傾斜の効果は同じなのである．このため，β_t を**地形性ベータ**（topographic beta），存在する波動を**地形性ロスビー波**（topographic Rossby wave）とよぶ．

回転水槽を用いた室内実験では，場所によって回転を変えることができないので，ベータ効果の効いた現象を再現するときには，ここで述べたような底面を傾斜させて行う．この β_t の導入により，ロスビー波に関する室内実験を行うことができる．

実際の海洋においても，沿岸域や海底に起伏があるところでは，地形性ロスビー波が頻繁に観測されている．とくに陸棚域における波動は，**陸棚波**（shelf wave，あるいは continental shelf wave）とよばれる．ロスビー波の位相速度は西向きであるので，北を右手にみて伝搬すると表現できる．同じように，地形性ロスビー波は，浅い方（岸）を右手にみて伝搬すると表現できる．

10.4 ケルビン波

岸沖方向は地衡流バランスをしているが，沿岸に沿っては重力波のように振る舞う，沿岸に捕捉された波動が存在する．これを**ケルビン波**（Kelvin wave）という．また，コリオリパラメーターは，赤道を挟み，南半球から北半球にかけて負の値から正の値へと変わる．このため，赤道も一種の境界としてはたらき，似たような波動も存在する．これらの波動を考察しよう．

10.4.1 沿岸ケルビン波

図 10.4 に示すような状況を考えよう．f_0-平面近似ができる場とし，x 軸を沿岸に沿った方向，y 軸を沖合方向とする．ここで，ケルビン波のみを議論するため，y 軸方向の流れ v はゼロで，y 軸方向は地衡流バランスが成り立っているとして問題を設定する．したがって，浅海方程式 (10.7)～(10.9) は次式となる．

$$\frac{\partial u}{\partial t} = -g\frac{\partial \eta}{\partial x} \tag{10.45}$$

第 10 章　海洋の長周期波動

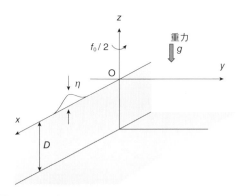

図 10.4　沿岸ケルビン波を考察するためのモデル海洋

$$f_0 u = -g \frac{\partial \eta}{\partial y} \tag{10.46}$$

$$\frac{\partial \eta}{\partial t} + D \frac{\partial u}{\partial x} = 0 \tag{10.47}$$

ここで，x 軸方向に波数 k_x，振動数 ω の波動解を仮定し，岸沖方向の形状を表す関数を流速 u に対して $U(y)$，海面変位 η に対して $H(y)$ として次のようにおく．

$$u = U(y) \sin(k_x x - \omega t) \tag{10.48}$$

$$\eta = H(y) \sin(k_x x - \omega t) \tag{10.49}$$

ただし，境界に捕捉された波動を対象とすることから，$U(y)$ や $H(y)$ は，$y \to \infty$ でゼロに近づくものとする．この条件を**捕捉条件**（trapping condition）とよぶ．

この 2 つの式は地衡流の式 (10.46) で次式のように関係づけられている．

$$U(y) = -\frac{g}{f_0} \frac{\mathrm{d}H(y)}{\mathrm{d}y} \tag{10.50}$$

また，式 (10.45) と式 (10.47) に，式 (10.49)，(10.50) を代入して整理すると次式を得る．

$$\left(\frac{\omega}{k_x}\right)^2 = gD \tag{10.51}$$

この式の左辺は位相速度の 2 乗であるが，この波の分散関係式にほかならない．

式 (10.45) に式 (10.50) を代入して式 (10.51) の関係を使えば，

10.4 ケルビン波

$$H(y) = H_0 \exp\left\{\pm \frac{f_0}{\sqrt{gD}} y\right\}$$
$$= H_0 \exp\left(\pm \frac{y}{\lambda}\right) \tag{10.52}$$

を得る．ここで，式 (10.39) のロスビーの変形半径 λ を用いた．

さて，境界に捕捉された波動であるので，式 (10.52) での指数は負の符号を取らなければならない．したがって，求める解は次式となる．

$$u = H_0 \left(\frac{g}{D}\right)^{1/2} \exp\left(-\frac{y}{\lambda}\right) \sin(k_x x - \omega t) \tag{10.53}$$

$$\eta = H_0 \exp\left(-\frac{y}{\lambda}\right) \sin(k_x x - \omega t) \tag{10.54}$$

分散関係式は，式 (10.51) より，

$$\omega = k_x \sqrt{gD} \tag{10.55}$$

したがって，この波の位相速度は，

$$\vec{c} = (c_x, c_y) = (\sqrt{gD}, 0) \tag{10.56}$$

となる．

この沿岸に捕捉された波動を**沿岸ケルビン波**（coastal Kelvin wave）とよぶ．岸沿い方向の海面変位と流速は三角関数型に，その振幅は岸で最大で，沖合方向に指数関数型に小さくなる波動である．波の位相速度は式 (10.56) から必ず x の正の方向であり，その大きさは浅水波のそれに等しいことがわかる．北半球では，沿岸を右手に見て伝搬する波動である．

沿岸で観測している潮位資料や係留系（12.3.3 項参照）による流速資料などから，風などによって沿岸ケルビン波が発生し，伝搬する様子が観察されている．

10.4.2 赤道ケルビン波

赤道はコリオリパラメーターがゼロとなる一種の境界とみなすことができる．この赤道に沿ってケルビン波が存在できる．いま x 軸を東向き，y 軸を北向きに取り，コリオリパラメーターを $f = \beta y$ とおく．南北方向の流速はゼロで，南北方向は地衡流バランスが成り立っているとすれば，式 (10.7)～(10.9) は次式となる．

$$\frac{\partial u}{\partial t} = -g\frac{\partial \eta}{\partial x} \tag{10.57}$$

$$\beta y u = -g\frac{\partial \eta}{\partial y} \tag{10.58}$$

$$\frac{\partial \eta}{\partial t} + D\frac{\partial u}{\partial x} = 0 \tag{10.59}$$

前節と同様，これらの方程式系を解くと，次の解を得る．

$$u = H_0 \left(\frac{g}{D}\right)^{1/2} \exp\left(-\frac{\beta y^2}{2\sqrt{gD}}\right) \sin\left(k_x x - \omega t\right) \tag{10.60}$$

$$\eta = H_0 \exp\left(-\frac{\beta y^2}{2\sqrt{gD}}\right) \sin\left(k_x x - \omega t\right) \tag{10.61}$$

分散関係式は沿岸ケルビン波と同様に，式 (10.55) で表される．この波を**赤道ケルビン波**（equatorial Kelvin wave）とよぶ．

この赤道ケルビン波は赤道域の風の変動で頻繁に発生していることが知られている．エルニーニョの発生に関しても重要な役割を担っている．

なお，松野は，線形化されているが y 軸（南北）方向に地衡流を仮定しない次の方程式系を用いて波動を考察した（Matsuno, 1966）．

$$\frac{\partial u}{\partial t} - \beta y v = -g\frac{\partial \eta}{\partial x}$$

$$\frac{\partial v}{\partial t} + \beta y u = -g\frac{\partial \eta}{\partial y}$$

$$\frac{\partial \eta}{\partial t} + D\left(\frac{\partial u}{\partial x} + \frac{\partial v}{\partial y}\right) = 0$$

この方程式系は，赤道ロスビー波，赤道ケルビン波，慣性重力波，さらに**混合ロスビー重力波**（mixed Rossby-gravity wave）の解をもつことがわかっている．実際これら多くの波が赤道大気で観測されている．

前節やこの節で考察したように，沿岸域や赤道域には多様な波が捕捉されて存在している．このような意味で，沿岸域や赤道域は，**導波域**（waveguide region）なのである．

10.5 海洋内部の長周期波動

この章では，密度一定の海水で満たされた 1 層の海に存在する長周期波動を，

浅海方程式系を用いて考察してきた．モデル海洋は密度が一定の場であるので，海洋内部の等圧面と等密度面はつねに平行となっている．このような状態を**順圧的な**（barotropic）状態とよぶ．順圧的な場では，圧力傾度力は海面変位の勾配によってのみ生ずる．したがって，ここで述べたロスビー波やケルビン波を，外部ロスビー波や外部ケルビン波などと表現することもある．また，**外部モード**（external mode）の波動ともいう．

一方，海洋内部に密度の分布があるとき，すなわち成層している場は，**傾圧的な**（baroclinic）状態である．海洋内部の圧力傾度力は，海面変位の勾配とともに海洋内部の密度分布で決まる．そのため，9.1節で扱った内部重力波のような，重力そのものではなく密度変化に対応した，有効な重力による復元力がはたらいた長周期波動も存在できる．これらの波動は，内部ロスビー波，あるいは内部ケルビン波などと表現し，**内部モード**（internal mode）の波動ともいう．

ここではこれ以上触れないが，外部モードの波は位相速度や群速度が速い．たとえば外部ロスビー波は太平洋を数カ月で伝搬してしまうのに対し，内部ロスビー波はたいへん遅く，太平洋を横断するのに数年かかる．長周期の波動の観測はたいへん難しいが，内部モードの波動であっても人工衛星搭載の海面高度計（12.4節参照）による海面変位の変動から，その存在を推察できる．

内部モードの波動の取扱いについては，海洋や大気の力学，地球流体力学の教科書を参照されたい．

# 第11章 潮汐と潮流

海辺では1日に2回，海水位の昇降が繰り返される．この海水位の昇降を潮汐とよぶ．本章では潮汐が起こる仕組みを概観する．さらに，観測された潮汐のデータから，海洋のさまざまな変動を推定できることを述べる．海洋内部で起こっている潮汐や潮流は，海洋の混合をもたらす乱流の発生に大きく寄与している．

11.1 潮　　汐

図 11.1 は，静岡県の御前崎にある気象庁の**検潮所**（tidal station）における，2016 年 5 月 4 日から 6 日までの 3 日間の天文潮位（予想潮位ともいう）と実測潮位を示したものである．海面は 1 日に 2 回，規則正しく上下する水位変動を繰り返している．また，実測潮位と予想潮位との間にずれがあることも観察できる．この間，干潮から満潮の水位差が次第に小さくなっていることもわかる．この時期は，**大潮**（spring tide）から**小潮**（neap tide）に向かう時期にあたっていた．

水位が高いときを**満潮**（high tide），低いときを**干潮**（low tide）とよぶ．満潮と干潮は，**高潮**（こうちょう：high water）と**低潮**（ていちょう：low water）とよばれることもある．このような海水位の昇降現象が**潮汐**（tide）である．潮汐によって変化する水位ということで，海水位を**潮位**（tidal level）とよぶことがある．

11.1 潮汐

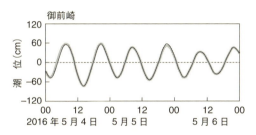

図 11.1 気象庁御前崎検潮所で観測した 2016 年 5 月 4 日から 6 日までの 3 日間の実測潮位（太いグレーの線）と天文潮位（細い実線）
（データは気象庁ウェブサイトより）

図 11.2 は，日本の代表的な 4 地点の 2015 年 8 月の実測潮位，天文（予想）潮位および，その差を時系列で示したものである．御前崎は太平洋に面した沿岸域を代表する地点として，父島は日本沿岸から離れた沖合の地点として，能登は日本海に面した地点として，長崎県の大浦は大きな湾のほぼ湾奥にある地点として選んだ．

実測潮位と天文潮位は，1 カ月間の平均潮位を水位の基準として描いているが，偏差は絶対偏差を示している．すなわち，実測潮位が予想潮位よりも高いときには正の値を，低いときには負の値を取るように描いた．なお，大浦の潮位変化は他の地点よりもかなり大きいので，縦軸の縮尺を変えていることに注意されたい．また，後述するように，実測潮位には気圧の変化による変位も含まれているが，ここではその調節（気圧補正）は行っていない．

4 地点の潮位変化から，次のような点を観察することができる．(1) どの地点でも半日周期の変化が卓越しているが，ときに日本海では明瞭でなくなる時期もある．(2) どの地点も 2 週間の周期で小潮と大潮を繰り返している．(3) 干満の差は大浦が最も大きく，続いて御前崎，父島と続き，能登が一番小さい．(4) 予想潮位と実測潮位の差は，地点ごとに異なる様相を示す．なぜ (1)〜(4) のようなことが起こるのかについて，次節以降の説明で理解できよう．

第 11 章　潮汐と潮流

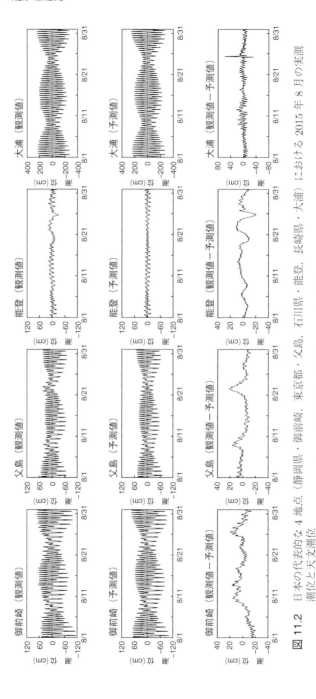

図 11.2　日本の代表的な 4 地点（静岡県・御前崎，東京都・父島，石川県・能登，長崎県・大浦）における 2015 年 8 月の実測潮位と天文潮位．上から，実測潮位，天文潮位，その差を時系列で示す．

11.2 起潮力

　潮汐をひき起こす力を，**起潮力**（tide generating force または tide producing force）とよぶ．起潮力は，波である潮汐を生じさせる復元力である．この力を**潮汐力**（tidal force）ともよぶことがあるが，"潮汐や潮流の力" のようなイメージがあるので，起潮力がより適切な用語ではなかろうか．

　さて，起潮力はどのような仕組みで生じているのだろうか．以下の説明では，当面地球の自転のことは考えなくともよい．月と地球は互いに引力を及ぼしあっているが，接近することはない．これは，地球と月の間にはたらく引力が，月と地球の共通重心の周りを1恒星月（27.3217日）で公転していることによる遠心力と釣り合っているからである．図 11.3（a）に示すように，月と地球の共通重心は地球の内部，地球の半径の 3/4（地球中心からおおよそ 4,600 km）のところにあり，地球のどの地点も同じ大きさの円を描いて1恒星月で1周する．したがって，この運動による遠心力は地球のどの点でも同じ大きさで，月の位置とは逆方向に向いている．

　一方，月の引力は図 11.3（b）に示すように月に向いている側で大きく，反対側で小さい．さらに地球と月の中心を結ぶ線上以外の地点では，月の中心を向くことになる．起潮力はこの 2 つの力の差として表現でき，結果は図 11.3（c）

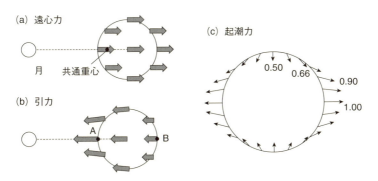

図 11.3　遠心力，引力と起潮力
（a）地球と月の共通重心周りに回転することによる，地球の各点における遠心力の分布．（b）月の引力の地球上の分布．A，B については本文参照．（c）遠心力（a）と引力（b）の合力としての起潮力．

に示したような分布となる．なお，この力は地球上の場所を指定すると定まることから，空間微分すると力を得ることができるポテンシャルで表現できる．このポテンシャルを起潮力ポテンシャルとよぶ．

以上を式を用いて説明する．地球中心にかかる月の引力は，万有引力定数を G，月の質量を M_M，月と地球の距離を R_ME とすれば，

$$F_0 = \frac{GM_\mathrm{M}}{R_\mathrm{ME}{}^2} = C$$

となる．図 11.3 (b) の A 点での引力は，地球半径分だけ月に近づくので，地球半径を R_E とすれば，引力の大きさは，

$$f_\mathrm{A} = \frac{GM_\mathrm{M}}{(R_\mathrm{ME} - R_\mathrm{E})^2}$$

となる．したがって，A 点の単位質量の海水には，f_A と C の差の力がはたらくことになる．これを F_A で表現すれば，

$$\begin{aligned}
F_\mathrm{A} &= f_\mathrm{A} - C \\
&= GM_\mathrm{M} \left\{ \frac{1}{(R_\mathrm{ME} - R_\mathrm{E})^2} - \frac{1}{R_\mathrm{ME}} \right\} \\
&\sim \frac{GM_\mathrm{M}}{R_\mathrm{ME}{}^2} \left\{ \left(1 + \frac{2R_\mathrm{E}}{R_\mathrm{ME}}\right) - 1 \right\} \\
&= \frac{2GM_\mathrm{M} R_\mathrm{E}}{R_\mathrm{ME}{}^3}
\end{aligned}$$

となる．2 つ目の式から 3 つ目の式へは，$R_\mathrm{ME} \gg R_\mathrm{E}$ であることを用いて近似した．高次の項まで取れば近似が高まることになる．これと同じような考察を A 点とは反対側の B 点で計算すれば，F_B は $-F_\mathrm{A}$ となり，F_A とは逆向きになる．F はベクトル量であり，各点で計算すれば，図 11.3 (c) に示したような分布となる．

さて，図 11.3 (c) に示した力で海面が変形したと仮定する．すなわち，外向きの力がはたらくところは海面が盛り上がり，地球内部に力が向いているところは海面がくぼむと考えるのである．このような海面形状をとりながら地球が自転しているのであるから，地球の各点は 1 日に 2 回，満潮と干潮を繰り返すことが理解できる．月は 27.3217 日で公転しているので，月が南中してから次の南中まで，地球は 360° の回転に加えさらに回転する必要があり，約 24 時間 50 分（1 太陰日）かかる．したがって，ここまで 1 日 2 回と表現してきたが，

より正確には 12 時間 25 分の周期をもつと表現しなければならない．

地球の起潮力には太陽も考慮しなければならない．太陽の質量や地球との距離を考慮すると，太陽の起潮力の大きさは月の起潮力の約半分（0.46 程度）である．

11.3 平衡潮汐論と動的潮汐論

11.3.1 平衡潮汐論

かりに地球には大陸がなく，すべて海洋で覆われているとして起潮力に対する海洋の変形を考える理論を，**平衡潮汐論**（equilibrium theory of tide）という．起潮力に対して海水は速やかに動いて海面が変形すると仮定する考え方である．実際には陸地が存在し，海洋の水深も一定ではないため，現実の潮汐の振舞いとは異なっているが，潮汐の特徴のいくつかはこの理論で説明できる．

平衡潮汐論に従えば，月の軌道が赤道面にあるときの赤道で最も満潮と干潮の水位差が大きくなり，前節で得た起潮力の関係式を用いて 0.54 m と見積もられる．同様に太陽の起潮力で計算すれば，0.25 m と見積もられる．当然のことながら，この比は 0.46 であり起潮力の比に等しい．

図 11.4 に示すように，月の公転軌道面は地球の黄道面から約 5° 傾いている．平衡潮汐論で，月が赤道面にあるときは，地球上のどの地点でも，1 日 2 回同じ振幅の潮汐が生じることになるが，赤道面にないときは相次ぐ 2 つの満潮と干潮の高さが異なる現象が起こる．これを**日潮不等**（unequal tide）とよぶ．

地球は太陽の周りを公転し，月は相対的には地球の周りを公転している．図

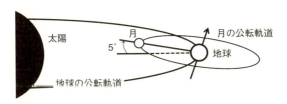

図 11.4　地球の公転軌道面（黄道面）と月の公転軌道面（白道面）との関係
月の公転軌道面は地球のそれと約 5° の角度で交わっている．

第 11 章 潮汐と潮流

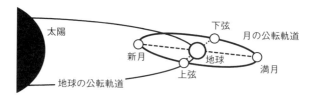

図 11.5 地球と月，太陽の位置と大潮と小潮の関係
太陽と地球，月が直線状に並ぶ新月や満月のときに大潮となり，直角三角形を構成するときは小潮となる．

11.5 に示すこの地球と月と太陽の位置関係から，太陽と月による起潮力が，満潮や干潮どうしで高め合うときと，逆に一方で満潮，他方で干潮となり相殺するときがあることになる．これが大潮と小潮がほぼ 2 週間おきに繰り返される理由である．

さて，月と太陽による起潮力は半日周期が卓越するとしてきたが，1 太陽日は 24 時間であり，一方 1 太陰日は 24 時間 50 分である．したがって，半日周期といっても，それぞれ 12 時間と 12 時間 25 分となる．さらに月や地球の運行は複雑であり，単一の周期ではない．そこで，いろいろな周期で運航する仮想天体を考え，それによる起潮力の総和で表現するのが一般的である．このような一つひとつを **分潮**（component tide）という．数百もの分潮成分が得られているが，おもなものは次の 4 分潮である．名称（英文名称，記号，周期，振幅比）で記す．**主太陰半日周潮**（principal lunar component，M_2，12.42 時間，100），**主太陽半日周潮**（principal solar component，S_2，12.00 時間，46.6），**日月合成日周潮**（luni-solar diurnal component，K_1，23.93 時間，58.4），**主太陰日周潮**（principal lunar diurnal component，O_1，25.8 時間，41.5）．

長年にわたり海水位を観測し，それらを分潮の考え方により調和解析して振幅と位相を求めれば，将来の時刻における潮汐（海水位）を予想できることになる．これが予想潮位（あるいは天文潮位）である．わが国では多くの地点の予想潮位が，毎年「潮位表」として公開されている．実用において十分な精度で予想できているといってよい．

11.3.2 動的潮汐論

前項で述べた平衡潮汐論で潮汐のおもな特徴は説明できるが，振幅や満潮と

なる時刻などは，観測とは大きく異なっている．これは当然のことで，実際の海洋は大陸で囲まれていたり，また，水深も一定ではないからである．具体的な陸岸・海底地形を考慮した潮汐を論じるのが，**動的潮汐論**（dynamic theory of tide）である．

近年，沿岸での潮位計測に加え，外洋の深海における潮位（具体的には，海底における圧力）計測や，人工衛星搭載海面高度計による海水位計測が行われてきた．一方で，数値シミュレーションによる外洋潮汐の振舞いも明らかにされてきている．

図 11.6 は，世界の海洋における主太陰半日周潮（M_2）の**等潮差線**（co-range line）と**等潮時線**（co-tidal line）を示した**潮汐図**（tidal chart）である（Schwiderski, 1979）．等潮差線（図 11.6 (a)）からは，一般に外洋で振幅が小さく沿岸で大きいこと，とりわけ，アラスカ湾やオホーツク海のような湾状のところで振幅が大きくなることがわかる．一方，等潮時線（図 11.6 (b)）からは，外洋で等位相線が 1 点に集中しているところが何箇所も現れる．この点を**無潮点**（amphidromic point）とよぶ．満潮や干潮などの位相の進行がない潮差ゼロの点である．位相の線はこの点を起点として，例外もあるが，北半球では反時計回りに，南半球では時計回りに位相が進んでいる．すなわち，ケルビン波のような波動が伝搬しているとみなすことができる．主太陰半日周潮以外にも，主要分潮についてこのような計算が行われている．なお，無潮点は分潮ごとに決まるもので，無潮点では潮汐がまったくないわけではない．

さて，図 11.2 に示したように，同じ太平洋岸でも御前崎のほうが父島の潮汐よりも大きい．これは，岸に最大の振幅をもつような波動が伝搬していると考えれば理解できる．また，図 11.2 の日本海に面した能登の潮位変化は，太平洋のそれよりもはるかに小さい．この違いは，オホーツク海や東シナ海のような開放的な海域とは異なり，日本海は外洋とは対馬・津軽・宗谷海峡という狭い海峡で結ばれているのみの閉鎖的な海域であることが挙げられる．すなわち，日本海と外洋との十分な海水の出入りがないため，海水位の変動も小さいのである．一方，有明海の中央部に位置する大浦の潮位は御前崎よりもさらに数倍大きい．これは潮汐周期と，湾の形状で決まる湾特有の振動の周期が近いときに起こる共振（共鳴）現象によると考えられている．北米大陸北西端のカナダと米国の境界にあるファンデイ湾では，15 m の潮差が出現する．これは，実際半

第 11 章 潮汐と潮流

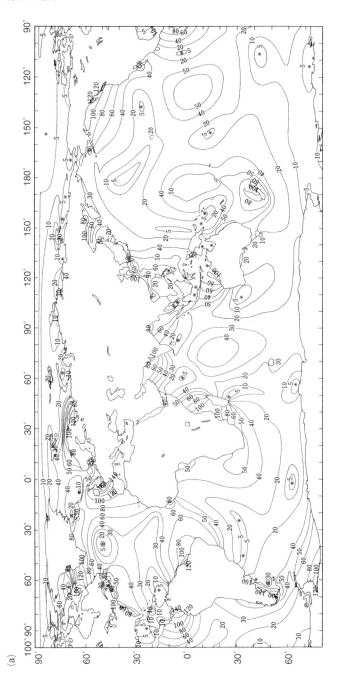

(a)

11.3 平衡潮汐論と動的潮汐論

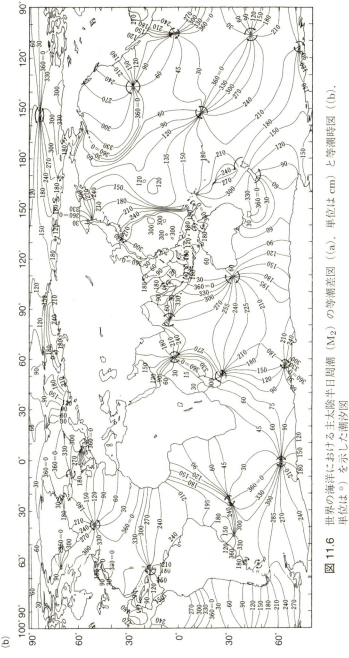

図 11.6 世界の海洋における主太陰半日周潮 (M_2) の等潮差図 ((a), 単位は cm) と等潮時図 ((b), 単位は °) を示した潮汐図
(b) は月が経度 0° を経過してから満潮になるまでの時間の遅れを角度で表したもの. (Schwiderski, 1979)

第 11 章 潮汐と潮流

日周潮に湾が共鳴するために起こっているのである.

11.4 潮　　流

　海水位の昇降が潮汐であるが，それに伴う流れを**潮流**（tidal current）とよぶ．この潮流も分潮ごとに分解することができる．一般に，潮流は完全な振動流ではなく楕円を描く．これを**潮流楕円**（tidal current ellipse）とよぶ．さらに，周期的成分のみではなく，定常成分が存在することがある．これを**潮汐残差流**（tidal residual current）とよぶ．潮汐残差流は，強い潮流と海底地形の変化が存在すると，流れの非線形的な振舞いにより形成されることが調べられている．

　潮流はおもには振動流であり，物質の輸送や物質の拡散には大きな効果を及ぼさない．しかしながら，瀬戸内海や湾などではこの潮汐残差流が物質の輸送や拡散に大きな効果をもっていることから，これまで詳しく調査がなされてきた.

11.5 潮位資料を用いた海洋変動の検出

　図 11.2 に示した天文潮位と実測潮位には，潮位そのものの変動よりは小さいが潮位差の変動が存在している．この時系列に現れた変動は何を意味しているのであろうか．潮位の計測は船舶の安全な運行のために不可欠であるので，古くから計測されてきた．この計測は，いわば地盤に固定した物差しを用いて海水位を計測しているようなものである．すなわち，この方法では，絶対座標系が定義できないので，固体地球に対し相対的な海水位が計測されることになり，地殻変動の情報も海洋変動の情報も，1 つの資料の中に含まれることになる.

　海水位に変動をもたらす要素には次のようなものがある.

(1) 大気からの影響：風による吹寄せなどの効果と気圧の変化の効果.
(2) 海洋の変動：水温や塩分の変化による海水位の膨張や収縮の効果．海流の励起，ケルビン波やロスビー波などの存在の効果.
(3) 地殻変動の影響：地震による急激な，あるいはゆっくりとした地面の上下変動.

11.5 潮位資料を用いた海洋変動の検出

このうち，大気の気圧変化の影響は，従来1 hPaの気圧の低下（上昇）が1 cmの水位の上昇（低下）を静力学的にひき起こすとして，補正が行われてきた．これを**逆気圧補正**（inverted barometric correction）とよぶ．海洋のこのような応答をここではIB応答とよぼう．外洋では1日以上の時間スケールでは十分成立することが期待されている．実際，日本周辺でも太平洋に面する沿岸域ではこのIB応答が成立していることが示されている（稲津ほか，2005）．しかしながら詳細に調べると，日本海やオホーツク海に面した海域では，応答にタイムラグがあり，応答の係数も1 cm/hPaよりは小さいことがわかってきた．先にも述べたように，日本海は閉鎖的な海域であるので，IB応答するのに十分な水の出入りが抑制されているためであると考えられる．

地殻変動に興味をもつ研究者にとって海洋変動のシグナルはノイズであり，海洋変動に興味をもつ研究者にとって地殻変動のシグナルはノイズとなる．双方にとって最大のノイズは，実は最大の変動強度（振幅）をもつ天文潮成分である．そのため，観測された潮位から予想天文潮位をあらかじめ引いた残差成分に対して議論したり，**タイドキラーフィルター**（tide killer filter）とよばれる特殊なフィルターを用いて，天文潮成分を厳密に除去した時系列で変動を議論したりしている（花輪・三寺，1985）．

日本では明治以来多くの検潮所により海水位の観測が行われてきた．また，それらの資料を用いて，多くの海洋変動の考察が行われてきた．それらは，『続・日本全国沿岸海洋誌』（日本海洋学会沿岸海洋研究部会 編，1990）の「第6章 日本周辺海域の潮汐と潮流について」（pp.143～164）に簡潔にまとめられているので，参考にされたい．以下，いくつかの考察例を示す．ただし，参考文献は割愛する．

低気圧などの気象擾乱の通過に伴い，数日周期の変動が太平洋岸では北から南へ，日本海岸では南から北へと伝搬している様子が観察されている．これらは，内部沿岸ケルビン波，あるいは内部地形性ロスビー波（陸棚波）であろうと解釈されている．

海峡を挟んだ水位の差は，地衡流バランスを仮定すると流速変化を表していると考えられる．Kawabe（1982）は，対馬海峡の両側（博多と釜山）と，海峡内の対馬（厳原）の水位の季節変化の考察から，図11.7に示すように，博多と厳原の水位差には季節変化がなく，厳原と釜山は大きな季節変動を示すことか

第 11 章　潮汐と潮流

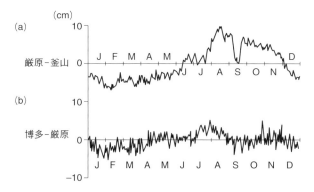

図 11.7　対馬海峡の西水道と東水道をはさむ検潮所の日平均水位差の季節変化
1966〜1976 年の 11 年間で平均．(a) 西水道（厳原－釜山）と (b) 東水道（博多－厳原）．（Kawabe, 1982）

ら，東水道の流速は季節でほぼ一定であるのに対し，西水道では夏に流速が速くなること，このため対馬海流第 2 分枝が出現することを指摘した．このほか，津軽海峡や宗谷海峡での考察や，あるいは流下方向の海水位変化の考察から，沿岸に沿う海流変動についての考察がなされてきた．

　日本南岸を流れる黒潮は，沿岸に沿って流れる**非大蛇行流路**（non-large meander path）と，遠州灘沖で南下し伊豆海嶺上でふたたび日本沿岸に近づく**大蛇行流路**（large meander path）を取ることが知られている．この流路の状態が，紀伊半島と熊野灘にある浦神と串本の海水位変動に現れていることが，古くから知られていた．2 つの検潮所の距離は 15 km であるが，非大蛇行期はまったく異なる変動を示し，大蛇行期はその変動に違いがなくなる．したがって，この性質を利用することで，黒潮流路の状態を海水位資料から推定することが可能となった．Kawabe (1986) はさらに伊豆海嶺上の黒潮の流軸位置を，三宅島と八丈島の海水位資料を用いて推定している．結果的に，非大蛇行流路はさらに，流軸が三宅島の北に位置する**沿岸流路**（nearshore path）と，八丈島より南に位置する**沖合流路**（offshore path）に分類できることを示した．

　海水位資料は潮汐が圧倒的に大きなエネルギーをもつ変動であるが，適切に除去すれば，地殻変動や海洋変動に関するきわめて多くの情報を有しているといえる．

11.6 内部潮汐と海洋混合

　ここまで，海洋の内部の成層構造には触れず，海水位の昇降のみに言及してきた．起潮力は**体積力**（body force）なので海洋の層全体にはたらく．したがって，上層も下層もいっしょに動くのであるが，海底地形の存在により，**内部潮汐**（internal tide）が発生する．発生した内部潮汐波は，内部波と同様，伝搬速度が外部潮汐のそれとはまったく異なり，ゆっくりとした伝搬速度である．また，密度面の昇降も大振幅となり，内部潮汐波が**砕波**（wave breaking）することも頻繁に生じている．この内部潮汐波の砕波は，まだ完全に解明されているわけではないが，海洋の内部混合の重要な要素であると考えられている．

　オホーツク海と北太平洋を隔てる千島列島沿いでは，海峡部での強い潮流の存在により，大きな鉛直混合が起こっていることが観察されている．ここでの鉛直混合は下層の高栄養塩水を表層に供給する役割を担うので，北太平洋北西部さらには北太平洋全体の生物生産に寄与しているとの指摘もある．また，潮汐には 18.6 年周期の交点潮（13.5.3 **C** 項参照）とよばれる成分が知られているが，この周期で短周期の分潮も数十％振幅が変動することが知られている．このことが，気候の数十年周期変動に関与しているとの仮説もある．現在，わが国ではこのテーマに関する大きな研究計画が進行中であり，そう長くない時間で大きな研究の進展が期待できる．

第12章 海洋の観測と監視

　船舶による近代的な海洋観測は19世紀中ごろから始まった．現在，海洋を理解するために，船舶による観測に加え，係留系や漂流ブイ，フロートによる観測，人工衛星によるリモートセンシングなどを組み合わせて行っている．1990年代に本格的に始まった人工衛星による海面高度の計測や，2000年代に入り整備されてきたアルゴフロートによる全球的な水温や塩分の計測により，海洋の変動が時々刻々把握できるようになってきた．

12.1 海洋の観測と監視

　海洋を理解することの第一歩は，海洋を観察することである．海洋の観察には2つの立場がある．ひとつはある特別の調査目的を決めて，かつ期間を区切って行う**観測**（observation）であり，もうひとつは海洋の長期間の変動と変化をあらかじめ定めた仕様で観察する**監視**（monitoring）である．もちろん例外事例は多々あるが，一般に大学や研究機関はおもに観測を行っており，気象庁や海上保安庁，水産庁・水産総合研究センターといった現業官庁は監視の立場で行っている．

　海洋の観察で中心的な役割を担ってきたのが観測船である．海洋の近代的観測が行われたのは，19世紀半ばの英国の観測船チャレンジャー号の世界の海洋探検（1872～76年）からである．海洋の深海に生物が生息しているのかという疑問に端を発した航海であったが，海洋の理解に多大な成果を上げた．

また，19世紀後半から20世紀初頭は，南極や北極の探検の時代であった．北極域には，各国が何度も観測船を派遣している．なかでも，ノルウェーのNansenが率いたフラム号は，海氷に閉じ込められても大丈夫なように船体形状に工夫を凝らしたものであった．実際，フラム号は氷に閉じ込められながらも，約3年間にわたる観測に成功し（1893〜96年），北極海には大陸がないことを証明した．この航海の過程で，海氷が風下に動くのではなく，（北半球であるので）風向きから右手の方にずれて流されることを観察している．第8章で述べたEkmanによるエクマン層理論の契機となった観察である．

　なお，日本近海ではじめて行われた近代的な海洋観測は，江戸時代末期に日本へ盛んに開国を迫った諸外国の船で行われたのであろう．実際，1853年と翌年に開国を迫った米国のM. C. Perry（1794〜1858）らは，その航海の途中で海洋観測を行っている．この観測点のひとつが静岡県の遠州灘沖にあり，表層から亜表層まで冷水が存在しているとの結果であった．現在の知識で解釈すると，この当時，黒潮は大蛇行をしていたと考えられる．

12.2 船舶による海洋観測

　船舶による観測は大きく2つのカテゴリーに分けられる．ひとつは，海洋研究のために建造された海洋研究船による観測であり，もうひとつは，海洋観測や監視に協力する民間船舶である．無償で観測や監視を行う民間船舶のことを**篤志観測船**（volunteer observing ship：VOS）とよぶ．なお，外洋を航行する船舶に義務づけられている気温や気圧，風速などの定期**海上気象観測**（marine meteorological observation）は，気象観測と分類されている．

　図12.1は，東京大学大気海洋研究所が共同利用・共同研究拠点の施設として運営し，国立研究開発法人 海洋研究開発機構（Japan Agency for Marine-Earth Science and Technology：JAMSTEC）が運行を担っている学術調査船"白鳳丸"の観測設備を示したものである．白鳳丸は，全長100 m，幅16.2 m，国際総トン数約4千tの大型の観測船である．35名の研究者が乗船でき，54名の乗組員によって運航される．

　船上には海上気象を計測する機器が搭載され，また，気球の放球やゾンデ観測を行うことができる．船底には各種音響測器が取り付けられ水深や海底形状の

第 12 章　海洋の観測と監視

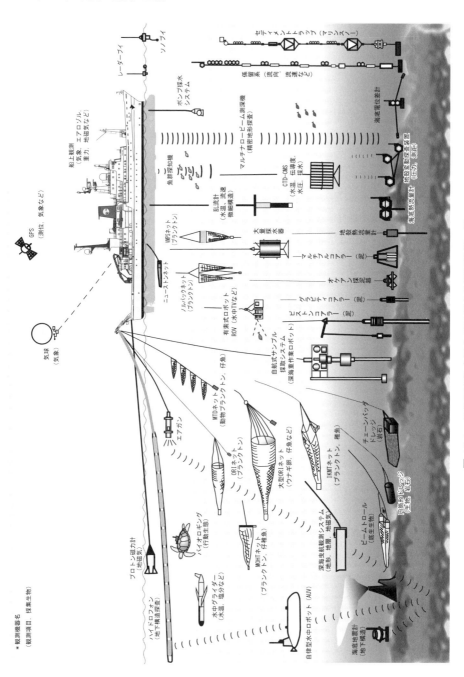

図 12.1　学術調査船白鳳丸が展開する観測設備の例
(東京大学大気海洋研究所 田村千織氏提供 (カラー図は口絵 4 参照))

観測ができるほか，魚群探知機による探査や，音波ドップラー流速計（12.5.2 項参照）により海水の速度が計測できる．船上にはさまざまなウィンチが搭載されており，各種測器や採水器などがワイヤーにより海中に沈められ，種々の物理的・化学的諸量の計測が行える．水温や塩分を計測する **CTD**（Conductivity-Temperature Depth Recorder：**電気伝導度水温水深計**）は最も頻繁に利用される測器である．電気伝導度の計測から，塩分を推定できる．船尾では各種プランクトンネットや海洋浮遊生物採取のための網などを曳航できる．

白鳳丸の航海は，1 年に数十日から数カ月の研究航海を 4〜6 回行っている．3 年ごとに研究航海が全国公募され，研究意義の高い課題が採択されることになっている．

学術調査船としては，白鳳丸のほかにも新青丸がある．そのほか，JAMSTEC や，気象庁，海上保安庁海洋情報部，水産庁・水産総合研究センターは海洋観測船を有し，それぞれの目的で海洋の観測と監視を行っている．また，東海大学の望星丸や水産系学部を有する大学の練習船も海洋観測や監視を行っている．

12.3 海洋の現場観測

12.3.1 オイラー型観察とラグランジュ型観察

7.2 節で述べたように，時間変化の観察には 2 つの立場がある．ひとつは空間に固定した点で注目する量（たとえば，水温など）の時間変化を観察するやり方，もうひとつは時々刻々位置を変える海水の塊に着目して，注目する量の時間変化を観察するやり方である．それぞれの立場から運動方程式を導出した科学者の名前を取って，前者をオイラー（Euler, L., 1707〜83）的な観察，後者をラグランジュ（Lagrange, G. L., 1736〜1813）的な観察とよぶ．これらの立場のどちらかが優れているということはなく，実際の海洋の観測や監視では，この 2 つのやり方のどちらも採用している．

12.3.2 船舶による定線観測

船舶による定線観測は，オイラー的な観察である．日本近海は気象庁や海上保安庁海洋情報部，水産庁・水産総合センターなどの現業官庁が精力的に監視

第 12 章　海洋の観測と監視

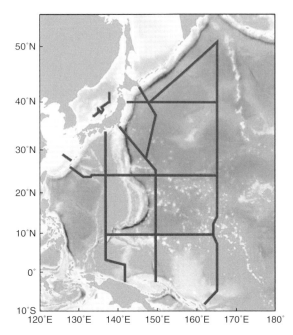

図 12.2　気象庁が 2016 年現在定期的に観測を行っている測線
それぞれの定線では，年に数回観測を行っている．（気象庁のウェブサイトより引用）

している海域である．その一例として，図 12.2 に気象庁が行っている定線観測ラインを示す．これらのライン上では，一定間隔ごとに観測点が設定され，1 年に数回，CTD 観測や採水が海面から深層まで行われている．これらの定線のなかでも東経 137° 線に沿う定線は 1967 年に開始されたもので，現在まで続いている世界的によく知られた監視定線であり，これを提案した研究者の名前を冠して増澤ラインとよぶこともある．増澤とは，第 9 代気象庁長官を務めた増澤譲太郎（1923〜2000）のことであり，"北太平洋亜熱帯モード水（NPSTMW）"を発見し命名した海洋研究者でもある．

　世界中の海を対象とした研究船による定線観測は，1990〜2002 年にかけて行われた **WOCE**（World Ocean Circulation Experiment：世界海洋循環実験）計画で整備された．WOCE 計画では，「岸から岸まで，海面から海底まで（from coast to coast, from surface to bottom）」を合言葉に，世界中の海を同じ精度で，

12.3 海洋の現場観測

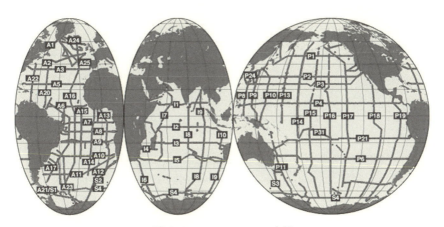

図 12.3 WOCE-WHP 定線
このうち代表的な定線では，現在も定期的に観測が行われている．（WOCE International Project Office が作成．Gould *et al.*, 2013）

同じ仕様で観測することとし，各国が手分けして観測を行った．この定線観測を WHP（WOCE Hydrographic Program）とよぶ．図 12.3 に WHP 定線を示す．これらの定線は太平洋であれば P を最初に付け，P1 ライン，P2 ラインなどと名づけられている．先に述べた気象庁東経 137° 定線は，P9 ラインである．

これらの WHP ラインの主要ラインでは，現在も定期的（数年から 10 年程度に 1 回）に観測が行われており，海洋の長期変動を観察するのに役立っている．その一例として図 12.4 に，太平洋北緯 47° 線に沿った WHP-P1 ライン観測の成果を示す．この図は，1985 年と 1999 年の 2 回の観測から求めた水温の差を示している（1999 年 −1985 年）．海底から 1,000 m 深の層が，ほぼ一様に昇温していることが観察される．近年，このような昇温は，この海域に限らず世界中の海洋で観察されている．地球温暖化（第 15 章参照）に伴う深層循環の弱まりの現れであると考えられている．

12.3.3 係留系観測

1980 年代に入ると，海中に係留系を展開し，各種データを長期間観測することが盛んに行われるようになった．図 12.1 の右端に，2 つの係留系の例が示されている．海底に錘を置き，ロープの上端にはガラス玉などの浮力材を付け，

第 12 章 海洋の観測と監視

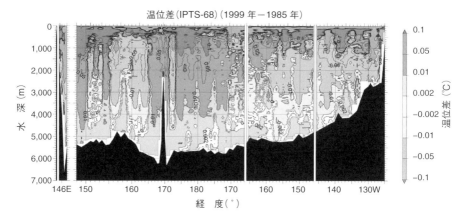

図 12.4 1985 年と 1999 年に行った WOCE-WHP-P1(北緯 47°線)観測における温位差(1999 年 −1985 年)の分布
(Fukasawa *et al.*, 2004)(カラー図は口絵 5 参照)

その中間に水温計や CTD,あるいは流速計などの測器を取り付けたものである.係留系は研究船上で組み立てられた後に投入される.半年から長いもので 2 年程度の観測ののち,錘の上に付けられた切り離し装置を作動させ,測器を回収して測器に記録されたデータを取り出す.係留系による観測は,まさにオイラー型観察の典型例である.

係留系観測を組織的に行っている例を図 12.5 示す.**TOGA**(Tropical Ocean and Global Atmosphere:**熱帯海洋・全球大気**)計画で開発されたもので,TOGA-TAO/ TRITON アレイとよばれている.TAO は米国国立海洋大気庁の**太平洋環境研究所**(Pacific Marine Environmental Laboratory:PMEL)が開発したブイで,海面ブイには海上気象観測用の測器が取り付けられ,海中には水温や塩分,流速を測る機器が取り付けられている.**TRITON**(トライトン)ブイは JAMSTEC が開発したもので,アレイのうち西側を担当している(図 12.5 (a)).図には示していないが TRITON ブイはインド洋にも展開され,現在計 18 機が運用されている.このアレイはエルニーニョ監視網の重要な要素となっている.

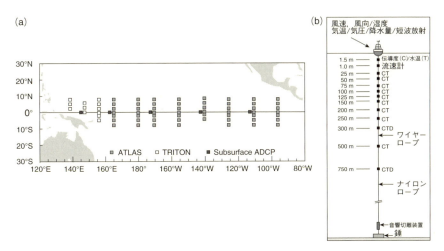

図 12.5 米国国立海洋大気庁（NOAA）と海洋研究開発機構（JAMSTEC）が共同で行っている TAO/TRITON アレイの測定位置（a）と TRITON ブイの構成図（b）
（(a) NOAA/PMEL のウェブサイトより，(b) 黒田・網谷（2001））

12.3.4 漂流ブイによる観測

ブイを漂流させ，その位置を定期的に計測することで流れの場を観察したり，搭載した測器により水温や塩分の場を観察したりすることも行っている．ブイが海水とともに移動しているとみなされるときは，ラグランジュ型の観察となる．

上述の WOCE 計画では，多数の海面ブイを漂流させて海面における流速場を把握するプログラム **SVP**（Surface Velocity Program）が実行された．海面近くは風の影響が大きいために，ドローグとよばれる抵抗体をブイの下に取り付け，地衡流成分のみを計測するような工夫がなされた．また，ある特定の密度層の流れの場を観察するため，複数の係留系で音波発信機を展開し，海中を漂流するブイで受信して位置を計測したり，あるいはその逆の配置で漂流するブイで発信して係留系で受信してブイの位置を計測したりすることも行われた．

2000年代に入ると，**アルゴ計画**（Argo Project）とよばれる自律型漂流ブイによる表層海洋の水温と塩分の海洋監視が，国際的な計画として行われた．図 12.6 にアルゴフロートの運用の模式図を示す．フロートは一定期間 1,000 m 深を漂流し，その後いったん 2,000 m 深に潜り，続いて海面まで浮上する．この

第 12 章　海洋の観測と監視

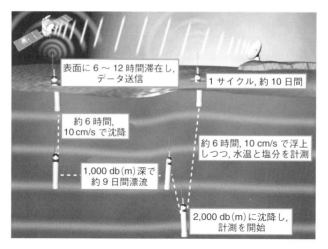

図 12.6　アルゴフロートの運用の模式図

浮上の間，あらかじめ定められた深度で水温と塩分（計測しているのは電気伝導度）を計測する．データは，海面に浮上したフロートから人工衛星に送られ，さらに気象庁などの現業機関に送付され，即時利用に供される．その後データセンターなどによりデータの質のチェックが行われ，収集される．フロートはデータを送信したのち，ふたたび 1,000 m 深まで潜り，漂流する．この一連のサイクルが約 10 日間である．図 12.7 は，アルゴフロートの展開状況を示している．約 4,000 台弱のフロートが世界中の海に展開されている．アルゴ計画の発展形として，アルゴフロートをプラットフォームとして利用し，溶存酸素やクロロフィルなどの生物地球化学項目を計測する試みも行われている．また，海面から海底まで計測する深海用のアルゴフロートの開発も行われている．

このアルゴフロートによる海洋の監視は，海洋学に大きな影響を与えている．従来の船舶による観測の何十倍もの空間的・時間的密度で計測できるものである．実際，これまでの観測船によるデータ総数は約 140 万点であるのに対し，アルゴフロートによるデータ数はすでに 150 万個（2016 年初め）を超えている．現在 1 年あたり 10 万個を優に超えるデータが取得されている．

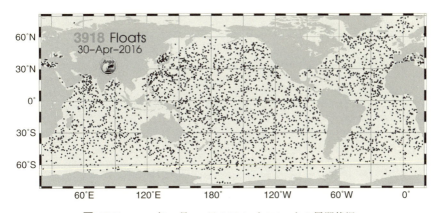

図 12.7 2016 年 4 月 30 日のアルゴフロートの展開状況
(カリフォルニア大学サンディエゴ校スクリップス海洋研究所のウェブサイトより引用)

12.4 海洋のリモートセンシング

　飛行機や人工衛星などの飛翔体を用いて，海面から放射される電磁波を受信したり，飛翔体から電磁波を送信し海面で反射された電磁波を受信したりすることで，海面の種々の情報を得ている．このように，直接対象に接触することなく離れた地点から情報を得ることを**リモートセンシング**（remote sensing, **遠隔探査**）という．

　対象物から放射される電磁波を受信して，対象物の状態を推定するものを**パッシブセンサー**（passive sensor, **受動型センサー**）という．一方，飛翔体から既知の電磁波を送信し，対象物で反射された電磁波の変調の度合いを用いて対象物の状態を計測するものを，**アクティブセンサー**（active sensor, **能動型センサー**）という．ただし，海水は電磁波を通さないため，すべての情報は海面の情報に限られる．それでも，海洋は広大であるため，移動の遅い船舶による観測ではとてもカバーしきれないので，短時間で全球をカバーできる人工衛星によるリモートセンシングに大きな期待が寄せられてきた．

　人工衛星も 2 つのタイプがある．ひとつは気象庁が運用している"ひまわり"などの静止衛星であり，もうひとつは地表面から数百 km 上空で地球をおおよそ 90～100 分程度で周回する衛星である．静止衛星は赤道上空 36,000 km 地点

第 12 章　海洋の観測と監視

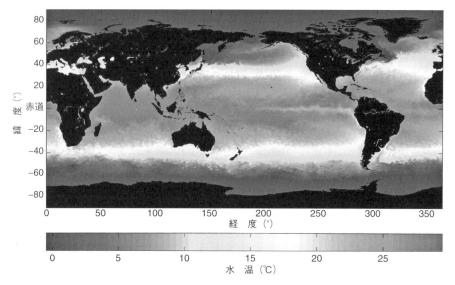

図 12.8　米国航空宇宙局ジェット推進研究所（NASA-JPL）が公開している海面水温分布の例
2016 年 5 月 3 日．（同所ウェブサイトから引用）（カラー図は口絵 6 参照）

で，1 日で地球を周回する衛星である．この地点では衛星に作用する遠心力と重力が釣り合っている．この衛星は，地上からは静止しているように見えることから**静止衛星**（geostationary satellite）とよばれている．

　人工衛星による観測で最も長い歴史を誇るのが，赤外放射計（波長が μm のオーダー）による海面水温の測定である．1980 年代初めから米国の TIROS/NOAA 衛星や，日本の"ひまわり"などによって計測されてきた．高分解能（1 km）の赤外放射計による観測は雲に邪魔されるが，マイクロ波放射計（波長が cm のオーダー）は，分解能が悪い（25 km）が雲に邪魔されることなく海面水温を計測できる．このような複数のセンサーを用いて，海洋全域の海面水温分布が得られるようになった．一例として，図 12.8 に，米国航空宇宙局ジェット推進研究所（NASA-JPL）が公表した 2016 年 5 月 3 日の分布を示す．

　ごく最近，マイクロ波放射計を用いて海面塩分を計測する新しい技術が開発されているが，まだ空間分解能や計測精度の面で課題がある．

　海面高度の分布がわかれば地衡流近似により，海面近くの流れの場を推定で

12.4 海洋のリモートセンシング

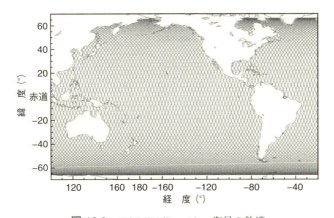

図 12.9 TOPEX/Poseidon 衛星の軌道
約 10 日でもとの軌道に戻る．（NASA のウェブサイトより一部改変）

きる．海面の高さを図る目的で，マイクロ波のパルスを軌道直下に送信し，海面からの反射波を受信することで海面までの距離を計測する海面高度計が開発されてきた．1970 年代後半より高度計搭載のいくつかの衛星が試験運用され，1992 年秋に打ち上げられた TOPEX/Poseidon 衛星により本格的な運用が開始された．図 12.9 にこの衛星の軌道を示す．海洋学的にはジオイド面からの海面高度がわからなければならないが，当初はジオイド面がわからず，平均値からの時間変動成分で議論されてきた．現在はジオイドの情報が得られ，また，他の手段で絶対高度場が得られるようになりつつある．

図 12.10 は，海面高度計資料から周期数カ月の変動のみをバンドパスフィルターで抽出した偏差の，1997 年 5 月 9 日の分布である（Ebuchi and Hanawa, 2001）．黒潮や黒潮続流域は蛇行により偏差を示すことがあり，注意が必要であるが，図中点線で囲んだ領域では，これら正負の高度偏差はそれぞれ高気圧・低気圧性中規模渦に対応するとみてよい．

そのほか，可視光線（波長 0.7～0.4 μm）から赤外域にかけて多数のチャンネルで計測する海色センサーとよばれるものもある．これらの資料からクロロフィル a の濃度を推定でき，さらにはプランクトンの存在量まで推定している．また，衛星から発射したマイクロ波が海面で反射する際の散乱の度合いを計測し，海上風の風速や風向を推定することなども行われている．

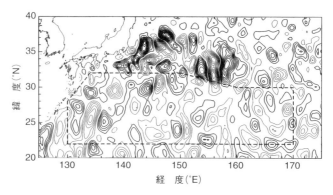

図 12.10 TOPEX/Poseidon と ERS1 高度計資料による 1997 年 5 月 9 日の海面高度偏差の分布

太線が正偏差，細線が負偏差．等値線間隔は 5 cm．数カ月周期をもつ高度偏差を抽出したデータから作成．(Ebuchi and Hanawa, 2001)

人工衛星によるリモートセンシングも，海洋の監視や海洋の研究に不可欠の監視手段となっている．

12.5 XBT と ADCP 観測

12.5.1 投下式測器 (expendable sensor)

航行する船舶からセンサーを投下して計測する測器も使用されている．**XBT**（eXpendable BathyThermograph，投下式水温計），**XCTD**（eXpendable CTD，投下式 **CTD**），**XCP**（eXpendable Current Profiler，投下式流速計）などである．

XBT は，落下するプローブの中にサーミスタが組み込まれ，エナメル線を通じて信号が船上に送られる．エナメル線がなくなり切れたところで計測は終了する．計測する深さや船の速度など，さまざまなタイプの XBT が開発されてきた．1960 年代に米国海軍によって開発されたもので，後に民生利用が行われた．とりわけ国際計画である WOCE や TOGA では，世界各国が協力して VOS による XBT ラインが多数設けられた．アルゴ計画が登場するまでは，海洋監視の最も重要な手段であった．1980 年代から 90 年代にかけては，年間約 5 万

点の表層水温資料が取得されていた．船を止めることなく迅速に計測できるメリットがあり，今後も使用されていくものと思われる．

XCTDはXBTに電気電導度を計測するセンサーも取り付けたもので，その名のとおり投下式のCTDである．またXCPは，プローブに付けた2つの電極間の起電力を測ることで流れの場を計測する測器である．これは海水が電気の良導体であり，地球磁場（の鉛直成分）の中を海水が動く際に発生する起電力を計測する測器である．

これらの投下式の測器は水深（水圧）を直接計測していないため，プローブが海面に着水してからの経過時間を用いた経験式（落下速度式）で水深を推定している．年代によってごくわずかな形状や重さの変化で，この計算に誤差が生ずることが知られている．

12.5.2 音波ドップラー流速計（Acoustic Doppler Current Profiler：ADCP）

海水中には多くの浮遊物質や微小なプランクトンが存在する．これらの物質は海水とともに動いているとみなすことができる．そこでこれらの物質に音波を当てて反射した音波の周波数の偏移はドップラーシフトの効果であると仮定することにより，物体の速度，すなわち流れの場を知ることができる．この測器をADCPとよぶ．

ADCPには，船舶搭載型のタイプと，係留系に使用するタイプがある．数十kHzから1,000kHzまで種々のタイプが開発されており，低周波のものほど長いスパンで計測できる．現在ほとんどの研究船が搭載しており，航海中常時計測していることが多い．また，定期航路を航海する民間船舶に付けた例もある．船舶搭載型ADCPのデータは，船舶の移動速度を適切に評価する必要があり，船速が速い民間船の場合，精度が落ちることがある．

図12.11に，東京港と小笠原父島を結ぶ定期航路船小笠原丸に搭載したADCPとXBT観測により，低気圧性渦をとらえた例を示す（Ebuchi and Hanawa, 2000）．XBT観測から，北緯30°付近を中心に南北に150kmの広がりをもって主水温躍層が凸状に盛り上がっているのがわかる．一方ADCP観測からは，ほぼXBT観測日を中心に，反時計回りの流れの場が南北に150km広がり，約60日で航路上を通過したことが観察できる．高度計資料により渦の追跡も可能であり，これらの渦は西方へ伝播していることがわかった．

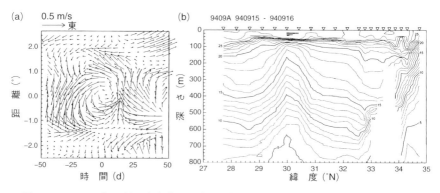

図 12.11　1994 年 9 月に東京港－小笠原父島を結ぶ定期航路船小笠原丸で，ADCP（a）と XBT（b）観測によりとらえた低気圧性渦
XBT 観測は 9 月 15 日から 16 日かけて行われた．XBT 断面図の上部の▽が観測点．ADCP 観測は毎航海行われており，XBT 観測日を時間の原点，渦の中心（29.83°）を距離の原点として示した．（Ebuchi and Hanwa, 2000）

12.6　海洋観測データの取扱いポリシー

　広大な海洋であるので，一人の研究者ではもちろん，ひとつの機関でもひとつの国でも，その全貌を観測や監視することはできない．必然的に世界各国が協力して行うことになる．前節で述べたように，TOGA や WOCE，あるいは CLIVAR（Climate Variability and Predictability，気候変動特性とその予測可能性研究）などのプログラムを進めるなかから，海洋研究者の間でデータに関する取扱いポリシーが生まれ育まれてきた．

　具体的には当初「WOCE data sharing policy」として提案されたものである．このポリシーは，観測者は 2 年間の優先使用権を認めるものの，その期間が過ぎたら取得されたデータは全世界に公開されるというものである．そのため，観測者は 2 年以内に観測データを各国の公的なデータセンターに送るとともに，各国のデータセンターは**世界データセンター**（World Data Center：WDC）に送付することになっている．わが国では，海上保安庁海洋情報部にある**日本海洋データセンター**（Japan Oceanographic Data Center：JODC）がこの任務にあたっている．WDC は実質，米国の NOAA-NODC（National Oceanographic Data center：国立海洋データセンター）が担っている．

12.6 海洋観測データの取扱いポリシー

　1957～58 年にかけて，地球物理学の分野では地球をさまざまな観点から集中的に観測する目的で，**国際地球観測年**（International Geophysical Year：IGY）を設定した．わが国もこのキャンペーンに参加したが，南極地域での観測はちょうどこれを契機に開始されている．この IGY に合わせ，海洋のみならず気象，地震など 33 の分野で WDC が設置されることになった．しかしながら，研究者が苦労して取得したデータはやはり，個人（国家）に帰属するとの考えが強く，多くの分野で WDC は機能しなかったといわれている．このなかで，海洋分野はその当初の目的に向かって進んだ少ない分野のひとつである．すべての海洋研究者や機関そして国は，今後もこの姿勢を貫いてほしいものである．

第13章 気候変動と海洋

　海洋は気候システムを構成するおもな要素のひとつであり，気候の形成と変動に大きな役割を担っている．海洋の大きな熱的慣性や，移流と混合で形成される成層，そして海水の循環が過去の気候の状態を記憶する装置としてはたらき，大気の状態の長周期の変動，すなわち気候変動を作り出す．気候変動にはさまざまな時間スケールが存在している．比較的短い周期の気候変動は，おもに大気と海洋との相互作用で起こっている．海洋が関係する短期気候変動の例として，エルニーニョと太平洋数十年変動を取り上げる．

13.1 気候システム

　気候（climate）とは，「長期平均した大気の総合状態」をさし，「縄文時代の気候は湿潤かつ温暖で，江戸時代半ばの気候は乾燥かつ寒冷だった」などと用いる．この気候は，**気圏**（atmosphere），**水圏**（hydrosphere），**地圏**（geosphere），**雪氷圏**（cryosphere），**生物圏**（biosphere），そして**人間圏**（humanosphere）の6つの構成要素間の相互作用で形成されていると認識されている．すなわち，気候を具現化している大気圏と，地表面を構成する4つの圏，そしてその活動で大気の組成や土地利用により地表面を改変することで影響を与えている人間圏が，気候の変化と変動を作り出しているとの認識である．この6つの圏全体のことを**気候システム**（climate system）とよぶ．

　図13.1に，気候システムを構成する要素と要素間の相互作用を表す模式図を

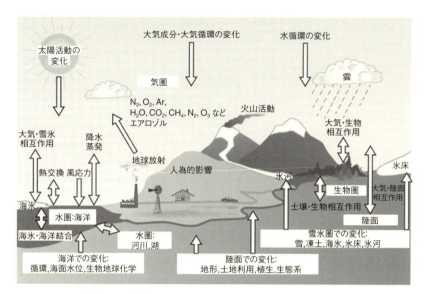

図 13.1 気候システムの構成要素と要素間の相互作用
原図はカラー．（IPCC, 2007）

示す．この図の中には，何らかの影響を与えることを示す一方向矢印のほかに，多くの所に双方向の矢印がある．この双方向の矢印は，要素間で何らかの量のやり取りや相互作用が存在していることを示している．気候システムを構成する要素が多いこと，それらの間で相互作用をしていることで，気候は時間的にも空間的にもきわめて複雑な振舞いをすることが予想できる．

13.2 大気海洋相互作用システム

　気候システムのなかで最も基本的な系は大気と海洋が結合したもので，**大気海洋相互作用システム**（air-sea interactive system）とよぶ．この節ではこの相互作用システムを構成する大気と海洋の特徴を概観する．大気は気体であり，海水は液体であるが，どちらも力が加わることにより自由にかたちを変えて，かつ容易に移動する流体である．しかし，大気と海洋は以下に述べるように，マクロな観点からは大きく異なる特徴をもっている．

第 13 章　気候変動と海洋

13.2.1　大気と海洋が貯える熱量

単位体積の海水を 1℃ 昇温させるのに必要な熱量は，大気のそれよりも 4,000 倍ほど大きい．これは，海水のほうが大気よりも単位体積あたりの質量が 1,000 倍，比熱が 4 倍大きいことによる．したがって，海洋表層数 m のもつ熱量は大気全体の熱量に匹敵するなどと表現することもある．暖かい海水が移動することは，ばく大な熱が移動していることとみなすことができる．また，海洋が大きな貯熱能力をもつため，多少の熱の出入りでは水温は変化しないことになる．そのため，海洋は大きな**熱的慣性**（thermal inertia）をもっていると表現されることもある．

13.2.2　可視光線に対する大気と海水の吸収の性質

3.3 節で述べたように，地球が受ける**可視光線**（以下，たんに光と記載）のエネルギーを 100 とすると，約 30 がそのまま宇宙空間に反射され，約 20 が大気に吸収され，残り約 50 が地表面に届く．すなわち，大気で吸収される量の倍以上の光の量が，大気の層を突き抜けて地表面を暖めているのである．そして温まった地表面が，顕熱や潜熱，そして長波放射により大気を加熱している．

一方，コップの中の水が透明なように，海水は空気と同様に透明，すなわち，光は吸収されず透過しているように見える．しかし，海で深く潜るにつれて次第に暗くなることからわかるように，光は海水によって吸収されている．実際，海面に入射する光の量が約 37% になる深さは，一般的な海洋では約 30 m と見積もられている．したがって，100 m 深では光の量は海面での値の 5% 以下にしかすぎない．このような両者の性質の差異を，光に対し「大気は**透明**（transparent）で，海洋は不透明である」と表現することがある．

13.2.3　大気と海洋の時間スケール

大気や海洋に対して，いくつかの代表的な**時間スケール**（time scale）を見積もることができる．

海水や大気などの物質が地球を 1 周するのに要する時間スケール（**移流時間スケール**，advection time scale）を見積もる．外洋域で最も速く流れているのは海流であるが，それでも 1～2 m/s と，大気の速さ，すなわち風速に比べると

はるかに遅い．深層での流速はさらに遅く，速く流れている海洋西岸域の流速でも毎秒数 cm である．かりに平均 1 cm/s で地球の 1 周である距離 4 万 km を移動するとすれば，約 100 年かかる．一方風速は，数 m/s から偏西風ジェットなどでは数十 m/s に達する．したがって，大気は数日から数十日で地球を 1 周できることになる．

次に物質が拡散する時間スケール（**拡散時間スケール**, diffusion time scale）を見積もる．これは，代表的な空間スケールの 2 乗を代表的な拡散係数で割ることで得られる．いま，海洋（水深 4 km）や大気の**対流圏**（troposphere, 厚さ約 10～20 km）の全層に物質が拡散することを想定する．海洋と大気のおおよその拡散係数を 10^{-4} m^2/s と 10 m^2/s とすれば，時間スケールはそれぞれ約 5,000 年と約 100 日となる．

次に，大気と海洋の水の置き換わる時間スケール（**滞留時間スケール**, residence time scale）であるが，すでに第 3 章で見積もったように，海洋と大気のそれらは，それぞれ数千年と数十日の大きさである．

以上 3 つの時間スケールを取り上げたが，いずれも大気と海洋の時間スケールは千倍からそれ以上も異なっている．すなわち，大気は環境の変化に対して情報の伝搬が速く迅速に調節できるのに対し，海洋では情報の伝搬がきわめて遅く調節に時間がかかることを意味している．

この情報が迅速に伝搬し調節が迅速である大気であればこそ，中緯度に住むわれわれが四季を享受できるのである．すなわち，太陽からの光エネルギーの季節変化に対し，大気は素早く応答できるので，中緯度の大気の底で暮らすわれわれは，明瞭な季節変化を感ずることができるのである．一方，海洋は海面近くにしか四季はないといえる．

13.3 記憶装置としての海洋

前節で述べたように，移流や拡散，水の滞留などに関する代表的な時間スケールが大気はごく短いことから推察できるように，大気それ自身のみでは過去の状態を長期間記憶する能力に乏しい．すなわち，大気のみでは長い周期の変動をつくることができないのである．気候の長期変動をつくるためには，他の圏と相互作用し，他の圏に過去の状態を記憶（持続）してもらうことが必要となる．

第13章　気候変動と海洋

表 13.1　気候変動に関与する地球外・地球内諸過程の特徴的時間スケール

(Kutzbach, 1976)

13.3　記憶装置としての海洋

　Kutzbach（1976）は，気候変動に関与する地球外・地球内の諸過程が，どのような時間スケールの気候変動をつくるのかをまとめている．これを，表13.1に示す．大気のみではせいぜい数十年の時間スケールの変動しかつくれないが，大気と海洋が相互作用することで数千年の時間スケールまでの気候変動をつくることができ，さらに雪氷圏が加わって3つの圏で相互作用すれば数十万年までの気候変動を生じうると考えられている．

　海はさまざまなかたちで過去の情報を記憶することができる．たとえば，冬季の強い冷却で厚い表層の混合層に冷たい水塊ができたとする．春から夏にかけては日射のためごく表層のみが暖まるので，冬季の状態は表面に出ない．秋から冬になるとふたたび冷却が起こり，前年の冬季の情報をもった水が出現する．これを冬季海面水温偏差の**再出現現象**（reemergence phenomenon）とよぶ．再出現現象を起こす海域は，厚い混合層内でモード水が形成される海域であることが知られている．この再出現現象は，海洋が前年の情報（海水の水温や塩分の状態）を亜表層で翌年まで保持することができることを示している．

　また，ある性質をもった水塊が移動することで情報を遠隔地に伝達し，長期に影響を大気に与えることもある．太平洋赤道域で起こるエルニーニョは，通常は西側に位置している暖水がゆっくりと太平洋中央部から東部へと移動し，大気への加熱域を変えることで全球の天候に大きな影響を与える現象である．

　各海洋の中緯度に存在する亜熱帯循環では，表層の海水は数〜10年程度で1周すると見積もられている．また，5.3節で述べた北太平洋中層水や南極中層水の循環の時間スケールは数十〜数百年の大きさであり，この時間スケールの気候変動を作り出す可能性がある．さらに，海洋の大循環の時間スケールは，放射性トレーサーである炭素14（^{14}C）などを用いて評価されているが，千年程度の時間スケールをもつことが示されており，6.4節で述べた"ブロッカーのコンベアーベルト"は，全球規模の気候変動に大きな役割を担っていると考えられている．すなわち，このコンベアーベルトがはたらいているとき（オン）と，はたらいていないとき（オフ）では，極域への海洋の熱輸送が大きく異なるため，地球全体の気温の高低や雪氷の多寡に関連することになる．

13.4 エルニーニョ

13.4.1 エルニーニョと南方振動

スペイン語のエルニーニョ（El Niño）を英語で書けば The Boy であり，幼子イエス・キリストをさす．毎年クリスマスの時期になると東風である貿易風が弱まって赤道湧昇（equatorial upwelling）が止み，表層付近は暖水で覆われる．そのため漁獲量は少なくなり，南米ペルーの漁民たちは休漁期間に入る．一方，陸地には降雨があり，ココナッツやバナナの収穫期を迎える．漁民たちはこのような状態を，"幼子イエス・キリスト"が"やんちゃ"を起こしているとの意味でエルニーニョとよんでいた．この状態は翌年2月ごろまで続く．これが毎年起こる，季節変化としてのエルニーニョである．

一方，南米ペルー沖の表層海洋の昇温が春ごろに始まり，翌年の春ごろまでほぼ1年も続く現象が数年おきに起こっていることも知られてきた．この現象に伴い，世界中の天候に特徴的な変化が起こるため，海洋のみならず気象や気候の観点からもこの現象が注目された．とくに1972年から翌年にかけて大きな現象が起こり，世界経済にも影響が出る事態となって注目された．さらに1982年から翌年にかけて大きな現象が起こったこともあり，気候研究の主要対象のひとつとなった．

季節変化としてのエルニーニョとこの規模が大きくかつ長期にわたる現象を区別するため，気象庁ではエルニーニョ現象と，"現象"を付けてよんでいる．また，米国大気海洋庁（NOAA）では，暖かい現象（イベント）（warm episode/event）などともよんでいる．研究者はたんにエルニーニョとよぶことが多く，本書でもたんにエルニーニョを用いる．

図 13.2 に 1996 年 12 月と 1997 年 12 月の海面水温（SST）分布と両者の差を示す．1996 年 12 月はほぼ通常の分布であり，1997 年 12 月のそれはエルニーニョ現象最盛期の分布である．両者の差の分布は，ペルー沖の赤道に沿って，最大 4℃ 以上にも達するものであった．このエルニーニョは 1997 年の 5 月ごろ発生し，翌年の 5 月ごろ終息したもので，ここ 150 年にわたる観測史上最大のエルニーニョとみなされている．この南米沖海域の昇温の理由は，通常太平洋西部熱帯域に蓄積されている暖水が貿易風の弱まりとともに中央部から東部へ

13.4 エルニーニョ

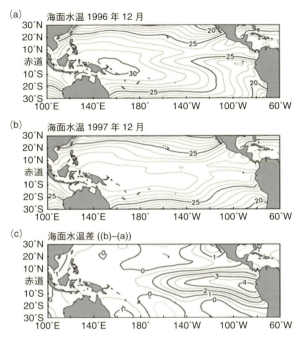

図 13.2　1996 年 12 月 (a) と 1997 年 12 月 (b) の海面水温分布と，両者の差 ((b)–(a)) の分布 (c)

と移動したためである．

　一方，1920 年代から 30 年代にかけてインド・モンスーンの研究が進展するなか，太平洋赤道域に西側（海大陸付近を中心とする領域）と中央部から東部（タヒチからペルー付近の領域）で，海面気圧が数年周期でシーソーのように互いに逆位相で変動していることが見出され，この現象は**南方振動**（Southern Oscillation）と名づけられていた．

　このエルニーニョと南方振動は，大気と海洋が一体となった現象の，エルニーニョは海洋側の，南方振動は大気側の変動をみていたことが後に判明した．そのためこの現象を，両者の名称から**エンソ・イベント**（ENSO event：El Niño/Southern Oscillation event），あるいはたんにエンソとよぶこともある．

　また，研究の過程で，南米沖の赤道域の海面水温が昇温するエルニーニョとは逆の，平常値よりも降温する現象についても注目が集められるようになった．

第 13 章　気候変動と海洋

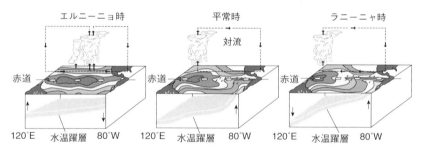

図 13.3　エルニーニョ時，平常時，ラニーニャ時の熱帯太平洋域の大気と海洋の状態の模式図
原図はカラー．（NOAA-PMEL, 2009）

　この現象を当初アンチ・エルニーニョとよんでいたが，その後1980年代半ばからは一般に，"女の子"を意味するラニーニャ（La Niña）とよぶようになった．
　図13.3に，エルニーニョ，平常状態，ラニーニャ時の，大気と海洋の状態の模式図を示す．大気中の対流性の雲は海面水温の高いところに位置しており，エルニーニョやラニーニャのときは，対流の位置が東西に変動し，かつ，強さも変動することになる．対流性の雲が発達するときは，水蒸気の凝結により大量の潜熱が放出され大気を加熱している．したがって，エルニーニョやラニーニャがみられるときは，大気の加熱域が通常と位置や強さが異なっていることを意味している．次節で述べるように，これが全球の大気に影響を与える要因である．

13.4.2　エルニーニョに対する指数

　エルニーニョやラニーニャは，毎回異なった様相と異なった強さで出現する．このうち強さを表現するための指数が定義されており，またこの指数を用いて現象の発生と終息を判断している．気象機関や研究者によりさまざまな指数が提案されているが，気象庁が採用している指数は，エルニーニョ監視海域（NINO.3海域ともよぶ）である赤道から南北5°，西経150〜90°の海域の月平均SST偏差を5カ月移動平均した値である．これを **NINO.3 指数**（NINO.3 index）とよんでいる．
　気象庁では，エルニーニョ監視域のSSTの基準値との差の5カ月移動平均値が6カ月以上続けて +0.5℃以上となった場合を"エルニーニョ現象"，−0.5℃

以下となった場合を"ラニーニャ現象"と定義している．

ここで月平均値についてさらに5カ月の移動平均を取るのは，赤道域の大気に数十日周期の**季節内振動**（intra-seasonal oscillation），あるいは発見者の名前を冠して**マッデン・ジュリアン振動**（Madden-Julian Oscillation）とよばれる東進する擾乱があるためである．この擾乱により気圧やSST偏差なども数カ月周期で変動するため，移動平均を取ってこの影響を平滑化している．このことがエルニーニョやラニーニャの発生や終息についての発表が遅れる理由ともなっている．

図13.4は1950年以降のNINO.3指数の時系列を示す（気象庁による）．2015年までの66年間で起こったエルニーニョ現象は15回，ラニーニャ現象は14回である．したがって，エルニーニョ，ラニーニャともに，平均して4年に1回発生していることになる．研究の当初はこれらの現象は特異なものと思われてきたが，現在では赤道域に不可避的に起こる準周期的な現象とみなされている．

13.4.3 エルニーニョ・ラニーニャ時の世界の特徴的な天候

図13.4に示したように，エルニーニョやラニーニャの発生期間を同定できるので，その期間中の天候がどのような特徴をもつのか統計的に調べることができる．すなわち，エルニーニョが発生しているときの事例のみを集めて統計処理すれば，その地域の気温や降水量がエルニーニョ時にどのような特徴をもつのかが抽出できるのである．

このようにして作成したのが図13.5であり，エルニーニョやラニーニャ発生時の北半球の夏季と冬季の気温と降水量の変化の特徴を示している．図には統計的に有意と評価される地域が示してある．気温に顕著な変化をもたらす地域や，降水量に顕著な変化をもたらす地域，さらには双方に顕著な変化をもたらす地域がある．その地域は高緯度まで広がっていることもわかる．さらに，大局的に見れば，エルニーニョとラニーニャ時の天候は逆傾向になっていることがわかる．

日本周辺を詳細にみれば，エルニーニョ（ラニーニャ）時は一般的には夏季は冷夏（暑дю），冬季は暖冬（寒冬）となる傾向がある．しかしながら，中・高緯度の天候にはエルニーニョやラニーニャとは独立な中・高緯度特有の現象もあるため，毎回決まった天候をもたらすわけではないことに注意すべきである．

第 13 章 気候変動と海洋

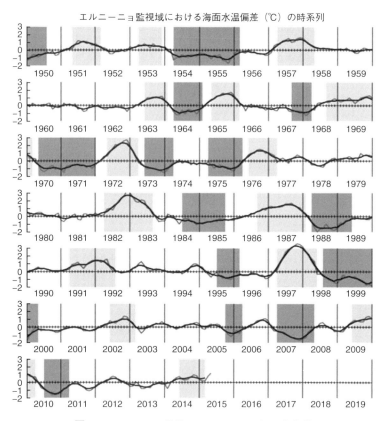

図 13.4 NINO.3 指数の 1950〜2015 年の時系列

5 カ月の移動平均値（太線）と月々の値（細線）．エルニーニョは薄い網掛けの期間，ラニーニャは濃い網掛けの期間．（気象庁のウェブサイトより．原図はカラー）

また，ここで述べたことは統計処理で抽出した特徴的な変化であって，それをもたらすメカニズムについては何も述べていないことにも注意すべきである．

13.4.4 テレコネクションパターンとエルニーニョ

Wallace and Gutzler（1981）は，冬季の 500 hPa 面高度場の相関解析から，相関係数が正の領域，負の領域，正の領域と，連なったパターンが出現することを見出し，これにテレコネクションパターン（teleconnection pattern）と名づけた．テレ（tele）は遠いという意味の接頭語，コネクション（connection）

13.4 エルニーニョ

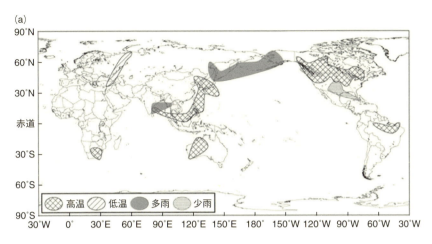

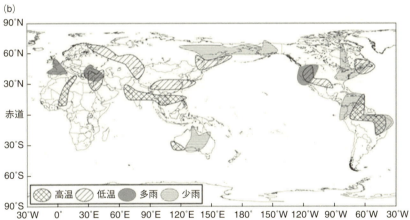

図 13.5 エルニーニョ時の北半球の夏季（a）と冬季（b）に出現する天候の特徴
夏季（6～8月）は 1958～2012 年，冬季（12～2月）は 1958/59 年～2012/13 年）の資料より統計的に抽出．（気象庁ウェブサイト掲載の図を一部改編）

は結び付けるという意味である．日本では遠隔結合などとよばれることがある．500 hPa 面高度場の解析であるから，相関係数の正と負の領域の連なりは，高・低気圧の連なりともみることができる．現在では，このテレコネクションパターンは**定在ロスビー波**（stationary Rossby wave）と解釈されている．

Wallace と Gutzler は冬季の北半球の場に 5 つのパターンを見出したが，そ

第13章 気候変動と海洋

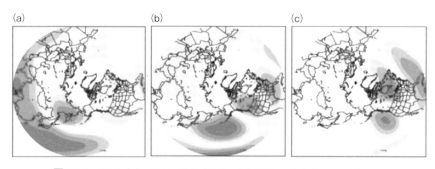

図 13.6 WP (a), PNA (b), TNH (c) テレコネクションパターン
(花輪, 2001)

の後の研究により多数のパターンが冬季のみならず他の季節にも見出されている．大気を地球を覆う膜とすれば，テレコネクションパターンはその振動とみなすことができる．大気の下部には山地や山脈，平野や平原があり，そして海洋が存在する．これらの地表面の状態により，テレコネクションが出現しやすいパターンをつくっているものと考えられる．前節で述べたように，エルニーニョやラニーニャの発生とともに，大気の対流現象に伴う加熱域が通常とは異なる位置にできることになる．このため，大気にテレコネクションパターンが励起されると考えられている．

エルニーニョやラニーニャとテレコネクションの関係を調べてみると，エルニーニョ時の冬季には図 13.6 に示した **WP**（West Pacific，西太平洋），**PNA**（Pacific/North American，太平洋−北米），**TNH**（Tropical/Northern Hemisphere，熱帯−北半球）の3つのパターンが関与することがわかった（花輪，2001）．エルニーニョ時には，これら3つのパターンが同時に出現したり，そのうちの1つあるいは2つが出現したりする．いずれも，日本周辺でいえば，冬季の偏西風が南下せず，季節風の吹き出しが弱まる気圧配置となる．どのような条件のときにどのパターンが出現するかは，まだ理解されていない．

13.5 太平洋数十年変動

13.5.1 アリューシャン低気圧の消長

　1980年代後半，日本の冬季の天候が，それまでの寒冬傾向から暖冬傾向に急激に遷移したのではないかとの指摘がなされた．その後，エルニーニョに並び，北太平洋におけるより長期の気候変動についての研究が進展した．北太平洋とその周辺における冬季の特徴的な気圧配置は，ユーラシア大陸東部の**シベリア高気圧**（Siberian High）と，北太平洋北部の**アリューシャン低気圧**（Aleutian Low）である．

　アリューシャン低気圧の強さを表す指数として，北緯30〜65°，東経160°〜西経140°までの領域で平均した海面気圧で定義される**北太平洋指数**（North Pacific Index：以下，NPIと記す）がよく用いられている（Trenberth and Hurrell, 1994）．図13.7に冬季（11月から3月）平均NPIの時系列を示す．負（正）のNPIは，アリューシャン低気圧が通常よりも強化（弱化）していることを示す．この図より，年々変動も大きいものの，より長周期の変動も存在していること

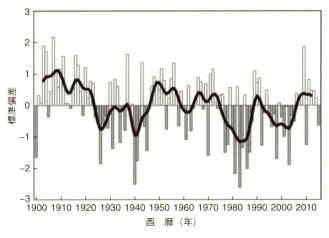

図13.7　1900〜2015年の冬季（11月〜3月）北太平洋指数（NPI）の時系列
棒グラフは年々の値．実線は【1-3-5-6-5-3-1】の重みを付けた移動平均値．（NCAR/UCARのウェブサイトより）

がわかる．変動周期に対する時系列解析から，20年や50年の周期をもつ変動が指摘されている．

アリューシャン低気圧の中心位置とその気圧の時系列を用いて，中心位置の変動と気圧の変動（強さ）の関係が調べられている（Sugimoto and Hanawa, 2009）．その結果，強さと東西位置の変動には高い相関があり，東偏するときに強まり，西偏するときに弱まること，この変動は20年周期が卓越することがわかった．一方，南北位置変動は強さとの関連性はなく，変動周期は約10年である．さらに，東西位置の変動には前節で述べたPNAテレコネクションパターンが，南北位置変動にはWPテレコネクションパターンが関与していることも見出された．

以上のことは，NPIの変動とPNAテレコネクションパターンの変動が密接に連動していることを意味している．実際，NPIとPNA指数の相関は非常に高い．

13.5.2　太平洋数十年変動

Mantua et al.（1997）は，北太平洋のSSTの**経験的直交関数**（Empirical Orthogonal Function：EOF）解析で得られた第1モードが表す現象を**太平洋十年変動**（Pacific Decadal Oscillation：PDO），そしてその時係数を**太平洋十年変動指数**（PDO Index：PDOI）とよんだ．図13.8にこのPDOIの時系列と，12月，1月，2月の指数の偏差が正の場合と負の場合で合成したSSTと気圧の偏差の分布を示す．PDOIが正（負）偏差のときは，アリューシャン低気圧が強化（弱化）していること，したがって，北太平洋中・高緯度海域のSSTは負（正）偏差を取ることがわかる．このとき，太平洋赤道域のSST偏差は，PDOIが正（負）のときに，中央部から東部にかけて正（負）偏差を取る．一方，指数の時間変動に着目すると，月ごとの変動が大きいものの，数年スケールの変動から10年程度，さらに長い数十年スケールの変動が存在していることがわかる．また，図13.7のNPIと比較すると，おおむね逆位相で変動していることがわかる．すなわち，2つの指数は同じ現象を異なる側面から表現しているとみてよい．

なお，この赤道域と北太平洋北部のSST偏差の正負の分布は，エルニーニョ現象やラニーニャ現象時のそれと似ていることから"decadal ENSO"とよぶ研究者もいる．

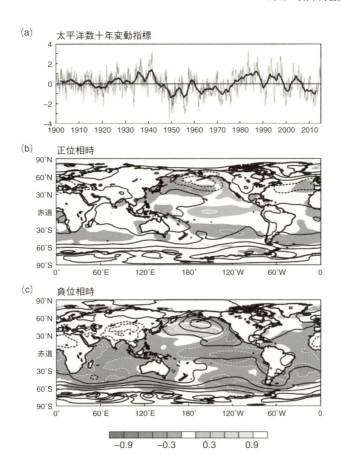

図13.8 太平洋数十年変動指数（PDOI）の1900年から2014年までの月平均値の時系列（a）と，冬季のPDOIが正偏差時（b）と負偏差時（c）で合成した海面水温偏差と海面気圧偏差の分布．

指数はPMELのウェブサイトから入手．（a）の太実線は37ヵ月移動平均．（b），（c）では，海面水温偏差は陰影に白実線が正偏差，白破線が負偏差．気圧偏差は，黒実線が正偏差，黒破線が負偏差．気圧偏差の等値線は1hPa．基準値は1980～2010年の31年間の平均値．

13.5.3　太平洋数十年変動のメカニズム

　NPIやPDOIが数十年スケールで変動するメカニズムはどのようなものであろうか．残念ながらいまだ多くの研究者が納得するような定説はない．以下，太平洋数十年変動に対するさまざまな考え方について紹介する．なお，『レジー

ム・シフト―気候変動と生物資源管理―』(川崎ほか,2007)のパートIに,この時間スケールの変動に焦点を当てた研究のレビューがなされているので,詳しくはそちらを参照されたい.以下,参考文献を示すことなく解説する.

Ⓐ 大気の確率的強制に対する海洋の応答

一般に,海洋は大気からの確率的強制に対して,時間スケールの長いほうにエネルギーが遷移(赤色化)して応答する.具体的には,大気からの加熱・冷却という熱的強制に対し,海洋の混合層の水温は熱フラックスを積分したかたちで応答する.したがって変動は長周期側で強調される.これと海洋の大きさに依存した応答が組み合わさり,数十年変動を出現させるとする仮説である.

Ⓑ 大気海洋相互作用

大気と海洋が結合(相互作用)した変動であり,海洋の循環場が数十年という時間スケールを決めているとする仮説.このなかでも2つの仮説がある.ひとつは,ある水温偏差をもつ水塊が大気(アリューシャン低気圧)経由で遠隔域の海洋を強制して逆符号の偏差をつくり,その水塊が先の水塊の位置にきて,さらに逆符号の偏差をつくり振動を生じさせるというものである.すなわち,水塊の中緯度亜熱帯循環系内で周回に要する時間が数十年という時間スケールを決めるとする仮説(**移流モード仮説**, advection mode hypothesis)である.もうひとつは,中緯度で得た水温偏差をもつ水塊が海洋内部で赤道域に達してそこのSST場を変え,それが大気経由で中緯度海洋にフィードバックを与えることで,数十年スケールの変動を起こすという仮説(**サブダクションモード仮説**, subduction mode hypothesis)である.

Ⓒ 交点潮による強制

交点潮(nodal tide)とは,月の軌道面が地球の赤道面に対し18.6年の周期で18.3〜28.6°の間で変動することによる天文潮のことで,これにより,半日周期や1日周期の潮汐の振幅が,数〜数十%も変動する.この結果,浅海域や海峡付近での鉛直混合の大きさが変動することになり,海洋の成層を変え,ひいては気候にまで影響するという仮説.海洋の成層状態や,溶存酸素や栄養塩の濃度がこの周期で変動しているとの指摘がなされている.

Ⓓ 太陽活動度の変動に対する応答

太陽黒点数の変化は約11年周期であるが,太陽の磁場はこの周期で反転しているので,基本的にはその倍の周期の約22年で磁場の極性は元に戻る.太陽活

13.5 太平洋数十年変動

動の変化による熱エネルギーの変化は $1～2\,\mathrm{W/m^2}$ であり，直接熱エネルギーの変化に気候が応答しているとは考えにくい．ただし，可視域より短波長の紫外線や，さらに短い波長域のエネルギーの変化はかなり大きいので，それらが対流圏より高層の大気の状態を変え，結果的にそれらが対流圏まで影響を与えているとの仮説がある．また，太陽磁場強度の変動が地球磁気圏に影響を与えて地球に降り注ぐ宇宙線の強度を変えることで対流圏の雲核の形成量を変え，結果的に雲量を変えることで気候変動をつくるとの仮説もある．

Ⓔ レジーム・シフト

上記で太平洋数十年変動を説明するために提出されたいろいろな仮説を概観したが，いずれも**周期的振動**（periodic oscillation）であるとの見方である．これに対し，気候には準定常状態が複数存在し，それらの間を急激に遷移しているとの見方がある．この急激な遷移を**気候のジャンプ**（climatic jump），あるいは**レジーム・シフト**（regime shift）とよんでいる．

Yasunaka and Hanawa（2005）は全球の SST 場に現れるレジーム・シフトを複数の SST データセットを用いて検討した．その結果，1910 年以降の約 100 年間で，少なくとも 5 回のレジーム・シフトが発生したことを指摘した．5 回とは，1925/26 年，1942/43 年，1957/58 年，1970/71 年，1976/77 年である．なお，これらの年は，レジーム・シフトを挟んでエルニーニョからラニーニャへと，あるいはその逆の遷移が起こっているときに当たっていた．すなわち，背景状態が緩やかに変化しつつあるときに発生したエルニーニョやラニーニャが位相を急激に変化させて，ある準定常状態からもうひとつの定常状態へと遷移させていると考えられる．この背景状態の変化とは，Ⓐ～Ⓓで述べたような過程のひとつで生じているのかもしれないが，まだ定説はない．

本章では，太平洋が主役を担っているとみなされているエルニーニョと，太平洋数十年変動について記述した．双方とも研究の蓄積がなされてきたが，まだ多くの不明な点が残されている．とくに太平洋数十年変動については多くの研究者が納得する説がない．今後も蓄積された資料に対する解析や，あるいは研究船による観測や篤志観測船を用いた監視，さらに 2000 年以降整備が進んだアルゴフロートによる監視を通しての実態解明が望まれる．さらに並行して数値モデルを用いた再現（歴史）実験による研究を通して，メカニズムの解明もなされるべきである．

第14章 地球温暖化と海洋

　人類は 18 世紀半ばの産業革命以来大量の化石燃料を消費し，大気中に温室効果気体を放出してきた．この大気組成の変化により，対流圏の気温が上昇する地球温暖化が急速に進行する事態となった．海洋は放出された温室効果気体を吸収すること，昇温した大気からの熱を吸収することで温暖化を抑制している．しかし一方で，海水の熱膨張により海水位が上昇し，海洋の酸性化が進行することで，人類の生存を脅かすまでの事態を招いている．

14.1 温室効果気体の増加

　大気のおもな組成は**窒素**（N_2, 78.08%），**酸素**（O_2, 20.95%），**アルゴン**（Ar, 0.93%）であり，これらが大気総量のおおよそ 99.95%を占め，残りの気体のすべてを合わせても 0.05%にも満たない．そのなかで**二酸化炭素**（CO_2）は約 0.04%（400 ppm）の体積を占め，第 4 位の多さである．水蒸気（H_2O）は最大 2% も大気中に含まれることがあるが，時間的にも空間的にも大きくかつ激しく変動するので，組成としてはみなさない．

　二酸化炭素をはじめとするある種の気体分子は，波長が 1～10 μm の赤外線を吸収することで分子運動（振動）が激しくなる．そして励起された気体分子はふたたび赤外線を四方に放射する．このような性質をもつ気体を**温室効果気体**（greenhouse gas：GHG）とよぶ．温室効果気体には二酸化炭素のほか，水蒸気，**メタン**（CH_4），**一酸化二窒素**（N_2O），**オゾン**（O_3），各種フロンガスな

14.1 温室効果気体の増加

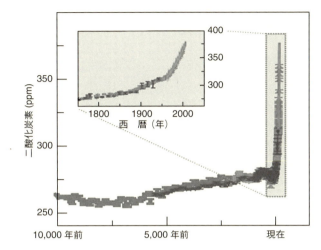

図 14.1 直接観測データと氷床コア分析による過去 1 万年前までの二酸化炭素濃度の時間変化
原図はカラー．(IPCC, 2007)

どがある．前述のように，このうち大気中に最も大量に存在する温室効果気体は水蒸気であり，続いて二酸化炭素である．

1950 年代の後半，米国カリフォルニア大学サンディエゴ校スクリップス海洋研究所のグループは，ハワイと南極大陸で大気中の二酸化炭素濃度を計測し始め，現在まで途切れることなく観測している．また，南極やグリーンランドで採取された氷床コア内の空気の分析から，過去の二酸化炭素やメタンなどの温室効果気体濃度の変遷の推定がなされている．図 14.1 に，過去 1 万年前から現在までの二酸化炭素濃度変化を示す (IPCC, 2007)．直接観測が始まる 1950 年代後半より以前のデータは，氷床コアからの分析結果である．このような氷床コアの分析により，過去 70 万年前までの濃度変化が得られている（中澤ほか，2015）．

二酸化炭素は 18 世紀半ばの産業革命以前はおおよそ 280 ppm であったが，それ以降急激に増加し，2014 年には年平均値で 398 ppm となった．年平均値で 400 ppm を超すのはここ数年以内とみなされている．

14.2 地球温暖化の仕組み

　図 14.2 は，赤外線を吸収したり放出したりする温室効果気体の存在により，対流圏の気温が上昇する仕組みを説明するための模式図である．左側のパネルは温室効果気体が存在しないとき，右側のパネルが存在するときの可視光線と赤外線のフラックスを示す図である．この図では簡単のため，大気は太陽放射をまったく吸収しないものとして扱っている．

　第 3 章で述べたように，地球の位置で受け取る太陽放射量，および地球の惑星アルベドを 0.3 と仮定すると，地球が受け取る正味の太陽放射が得られ，これと地球が赤外線のかたちで宇宙空間に放射する地球放射が等しいとおけば放射平衡温度を求めることができる．この温度は -19℃である．

　さて一方，大気中に温室効果気体があるときは，地表面からでた地球放射（赤外線）の一部は地球外へと透過するものの，一部が温室効果気体を含む大気を暖める．その結果，暖まった大気から上方・下方にふたたび赤外線が放射されて，下向き赤外線は地表面をさらに暖めることになる．すなわち，地表面は太陽放射と赤外線双方の効果で暖められ，地表面温度は上昇することになり，さらにこの上昇した地表面温度でより多くの赤外線を放射する．このようなプロセスを模式的に示したのが中央のパネルである．

　温室効果気体を含む大気の赤外線に対する**吸収率**（absorptivity，ゼロから 1

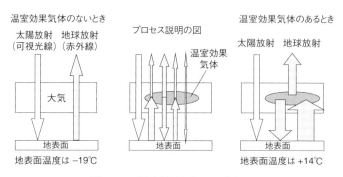

図 14.2　温室効果が起こる仕組み
理解しやすくするため，中央のパネルは調節するプロセスを描いたもの（本文参照）．

14.2 地球温暖化の仕組み

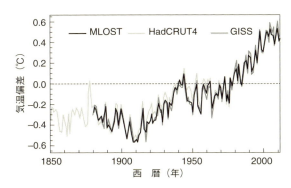

図 14.3 測器による全球平均した年平均地表面気温の時系列
3つのデータセットの重ね書き．基準値は1961～90年の30年間平均値．原図はカラー．
（IPCC, 2013）

の間の数値）としてもっともらしい値を与えると，地表面温度として $+14°C$ を得ることができる．すなわち，水蒸気も含め，温室効果気体が適当量大気に存在することで，地球の地表面付近の温度が生物に好適なものとなっているのである．この意味で，温室効果気体の存在は地球上の生物にとって好都合なのである．

現在顕在化している地球温暖化問題とは，われわれ人類の活動により人為起源の温室効果気体を急激に増加させた結果，環境が調節できないほど速く対流圏の気温が上昇していることである．

図14.3に19世紀半ば以降の測器で計測した地表面気温の時系列を示す．2013年に公表された「**気候変動に関する政府間パネル**（Intergovernmental Panel on Climate Change，以下，**IPCC**と記す）」第1作業部会の第5次評価報告書（IPCC-AR5）では，1880～2012年の地表面気温の全球平均値は，$0.85°C$ 上昇したと分析している．

この気温の上昇には地域差も存在している．南半球よりも北半球で，なかでも北極域の気温上昇が大きいことが知られている．ところで，都市域の気温は上記の上昇率よりもはるかに大きく，たとえば日本の多くの大都市の冬季ではここ100年あたり3～5℃もの上昇を示している．これは，地球温暖化に加え，都市の環境が熱を排出したり，地表面をコンクリートで覆ったりするなど，気温を上昇させるように環境が変わってきたためである．このような都市域に特

第 14 章　地球温暖化と海洋

有な昇温現象をヒートアイランド（heat island）現象とよぶ．

14.3　地球温暖化に果たす海洋の役割

進行しつつある地球温暖化に対して，海洋はどのような役割を担っているのだろうか．温室効果気体の吸収と熱の吸収の観点から述べる．

14.3.1　海洋による温室効果気体の吸収

海水にも気体としての二酸化炭素は含まれており，その量は**分圧**（partial pressure）で表現できる．海水中の分圧が大気中の分圧に比べて低い（高い）ときは，大気中の二酸化炭素が海洋に吸収（放出）されることになる．現在海洋の二酸化炭素の分圧の測定が広範囲に行われており，季節ごとの分圧分布もわかってきた．これと風速のデータをもとに，4.2 節で述べたバルク法と同じ考え方で吸収量を見積もることが行われている．この式のなかでは，バルク係数と風速の積を**交換係数**（exchange coefficient）とよんでいる．

一方，大気中に放出した二酸化炭素の量，実際に大気中に残っている量，さ

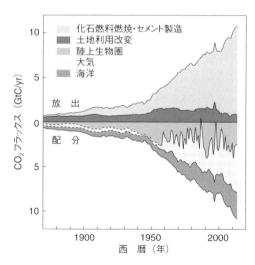

図 14.4　1870〜2011 年の推定された人為起源二酸化炭素の全球平均収支
（Le Quéré *et al.*, 2014）

らには二酸化炭素中の炭素同位体の濃度などを用いて，モデルにより海洋の二酸化炭素吸収量を見積もることも行われている．

図 14.4 に 19 世紀後半からの二酸化炭素の収支の時間変動を示す（中澤ほか，2015）．化石燃料消費とセメント製造による二酸化炭素放出量は，20 世紀に入ると土地利用改変による放出量を上回り，20 世紀半ばから急激に増加するようになった．近年では，10 GtC/yr（GtC：ギガトンカーボン，炭素量にして 10 億（10^9）トンのこと）に達している．放出された二酸化炭素は，陸上生物圏と海洋が吸収し，残りが大気に残留する．大局的にみれば 20 世紀半ば以降，放出量の増大に比例して陸上生物圏も海洋も吸収量が多くなっているが，大気に残留する量も次第に増大していることが読み取れる．

ここ数十年程度で平均すれば，人類が大気中に放出する二酸化炭素の量を 100 とするとき，海洋が 30，陸上生物圏が 15 吸収し，残りの 55 が大気中に残留するとまとめられる．すなわち，海洋は温室効果気体を吸収することにより，地球温暖化の進行を抑えているのである．

14.3.2 海洋による熱の吸収

第 3 章では，地球の熱収支は閉じている，すなわち太陽放射で地球が受け取る熱量と，地球放射で地球が宇宙空間へ放出する熱エネルギーは等しいと述べた．地球の環境が定常状態であればほぼ等しいとしてよいが，地球温暖化が進行している現在，そのバランスは崩れている．この間，地球は熱を貯えてきて

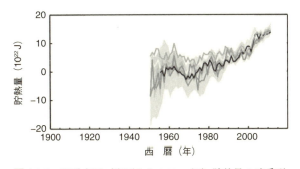

図 14.5 海洋表層（海面から 700 m 深）貯熱量の時系列
いくつかのデータセットの重ね書き．2006〜10 年の期間の平均値を合わせた．原図はカラー．
（IPCC, 2013）

おり，IPCC-AR5では，その90%は海洋が貯えたとしている．

　図14.5に，1950年以降の海洋表層（海面から700m深）の貯熱量の変化を示す（IPCC, 2013）．研究者により推定の仕方に差異があるので，古い時代ほど評価幅が広がっているが，それでもこの変化の曲線は右肩上がりである．IPCC-AR5では，1971〜2010年の40年の期間で，17×10^{22} J の熱量を海洋表層が貯えたと見積もっている．海洋表層の貯熱量は海洋全層が貯えた熱量の60〜70%であり，中層も深層も熱を貯えている，すなわち昇温していることがわかってきている．

14.4　海水位の上昇と海洋の酸性化

　前節に述べたように，海洋は二酸化炭素などの温室効果気体を吸収していること，地球がこの間貯えた熱のほぼ90%を海が吸収していること，の双方で地球の温暖化を抑制するはたらきをしている．しかし一方で，このことにより海水位が上昇したり，海洋が酸性化したりする"副作用"があり，結果的に人類に対し大きな"しっぺ返し"があることが懸念されている．

14.4.1　海水位の上昇

　図14.6は，観測された海水位の上昇を示す（IPCC, 2013）．1901〜2010年の110年間で，全球で平均した海水位は19cm上昇したと見積もられている．1.9mm/yrの割合であるが，海面高度計を搭載した衛星であるTOPEX/Poseidonの運用が開始された1993年以降の見積もりでは，3.2mm/yrと大きく，海水位上昇が加速しているといえる．

　海水位上昇をもたらす要因も評価されている．1970年代までの海水位上昇では大陸氷河からの融水と海水の熱膨張の効果でほぼ説明できたが，1993年以降2010年までの期間では次のように見積もられている．海水の熱膨張で1.1mm/yr，大陸氷河の融解で0.76mm/yr，グリーンランド氷床の融解で0.33mm/yr，南極氷床の融解で0.27mm/yr，陸水貯水量の減少で0.38mm/yr．これらの和は2.8mm/yrであり，観測値の3.2mm/yrを説明するに至っていないが，海水の熱膨張は海水位上昇の約30%を担っていることは間違いない．

　海水位の上昇は今後も続くとみられ，低地が海水中に没することになり，海

14.4 海水位の上昇と海洋の酸性化

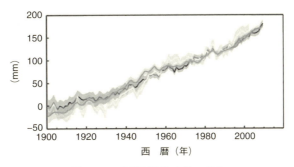

図 14.6 世界平均海水位の変化
いくつかのデータセットの重ね書き．1993 年の値をそろえ，かつ最も長いデータセットの 1900～05 年の 6 年間の平均値をゼロとした．原図はカラー．（IPCC, 2013）

に面する国々にとって大きな脅威を与えるものである．IPCC-AR5 では，数値モデルを用いて将来予測を行っている．予測はもっともらしい 4 つの温室効果気体の"代表的濃度経路（Representative Concentration Pathways：RCP）"とよばれるシナリオに対して行われた．今世紀末には現在よりも最低でも 0.26～0.55 m（RCP2.6 シナリオ）から，最高で 0.45～0.82 m（RCP8.5 シナリオ）程度の上昇と予想されている．

国土が島からなっている島嶼国（とうしょこく）のなかには，南太平洋にあるツバルなど，海抜の低い国々が多い．これらの国々では将来国土が消失するのではないかと懸念されている．

14.4.2 海洋の酸性化

海水中に二酸化炭素が溶け込むと水と反応し，下の反応式で示されるような形態で平衡状態となる．

$$CO_2 + H_2O \rightleftharpoons H_2CO_3 \rightleftharpoons HCO_3^- + H^+ \rightleftharpoons CO_3^{2-} + 2H^+$$

大気中の二酸化炭素分圧が海水中よりも高くなると二酸化炭素が海水中に取り込まれる．海水中では溶存二酸化炭酸としても存在するが，水と反応して炭酸（H_2CO_3）となり，さらに電離して炭酸水素イオン（HCO_3^-）や炭酸イオン（CO_3^{2-}）のかたちとなる．すなわち，二酸化炭素が溶け込めば溶け込むほど水素イオン（H^+）濃度が増えることとなる．

第 14 章　地球温暖化と海洋

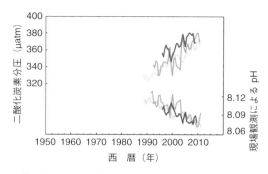

図 14.7　海面における二酸化炭素分圧と現場観測による海水の pH
3 つのデータセットの重ね書き．原図はカラー．（IPCC, 2013）

酸性度や塩基性度を示す指標に pH がある．水素イオン濃度の逆数の対数で求められ，pH が 7 であれば中性であり，水素イオン濃度が増えれば増えるほど酸性度が増し，pH の値は小さくなる．二酸化炭素が海水に溶け込むことは，海水が酸性化することにほかならず，これを海洋の酸性化とよんでいる．すでに述べてきたように，海水の pH は 8.1 程度である．IPCC-AR5 によれば，産業革命以来海洋が吸収した二酸化炭素により，表層の海水の pH は 0.1 程度小さくなったと見積もられている．そして，このまま推移すれば，今世紀末までに最小でも 0.06〜0.07（RCP2.6 シナリオ）から，最大で 0.30〜0.32（RCP8.5 シナリオ）程度低下すると予想されている．

図 14.7 は，北大西洋や北太平洋の 3 地点で観測された海洋の二酸化炭素分圧と pH のここ 20 年にわたる時系列を示す．この間，大気中の濃度の上昇と歩調を合わせ，海水中の二酸化炭素分圧が高くなり，一方，pH は低下している．このまま酸性化が進んでも，海洋は中性になるまでもかなりの時間を要するが，すでに海洋生態系への影響が懸念されている．海水中には炭酸カルシウム（$CaCO_3$）をつくる植物プランクトン（たとえば円石藻）や動物プランクトン（たとえば有孔虫），さらにはウニやサンゴがある．現在はカルシウムイオン（Ca^{2+}）も炭酸イオンも十分海水中に存在するので炭酸カルシウムを形成できるが，酸性化が進むと炭酸イオンが水素イオンにより中和されて濃度が下がり，炭酸カルシウムの形成が阻害されることになる．酸性化の程度がたとえわずかであっても，海洋生態系には大きな影響が出てくるのではないかと心配されて

いる.

14.5 地球温暖化と海洋の成層や循環の変化

前節では温暖化に伴う海水位上昇と酸性化について述べたが,観測資料から観察されている海洋の成層や循環の変化について述べる.

14.5.1 海水温の変化

図 14.8 は,気象庁が評価した全球で平均した年平均海面水温偏差の時系列である.偏差の基準値は 1981～2010 年の 30 年間の平均値である.年々の変動やより長周期の変動が重なっているものの,長期的には昇温傾向が明瞭である.直線近似したときの上昇率は,100 年あたり気温上昇率の半分程度の 0.52℃ である.当然のことながら,この上昇率には場所による違いが存在する.

図 14.9 (a) は,海洋上層 700 m 深まで平均した水温の,1971～2010 年の 40 年間の資料から求めた 10 年あたりの水温上昇率の空間分布を示す.ほとんどの海域で昇温傾向にあることがわかる.とりわけ,黒潮続流域やガルフストリーム続流域,南極周極流北縁で上昇率が高い.図 14.9 (b) は東西平均したその鉛

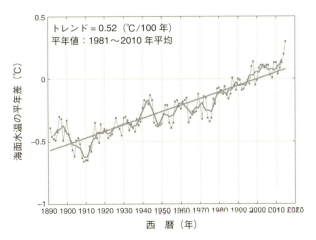

図 14.8　年平均海面水温を全球で平均した時系列
基準値は 1981～2010 年の 30 年間平均値.（気象庁ウェブサイトより引用）

第 14 章　地球温暖化と海洋

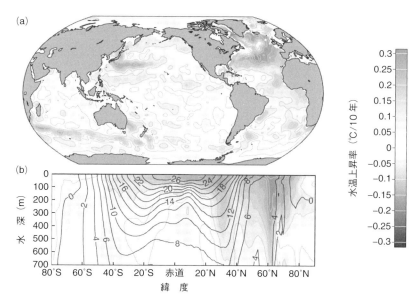

図 14.9　海洋上層 700 m 深まで平均した水温上昇率（℃/10 年）の空間分布（a）とその東西平均した鉛直分布（b）
1971〜2010 年の資料による．（IPCC, 2013）（カラー図は口絵 7 参照）

直分布である．上昇率は海面付近が高く，とりわけ北半球亜熱帯循環の縁や，北緯 60°付近で高い．これは，北大西洋のヨーロッパやグリーンランド沿岸周辺域で高いことが反映している．高い上昇率をもつ海域である亜熱帯循環は，鉛直方向に表層水が押し込められる海域であること（エクマンパンピング流速の存在），北大西洋亜寒帯域は高温高塩分の表層水が運ばれ，深層水である NADW が形成されている海域であることによる．

近年，すでに図 12.4 に示したように，深層でもこのような昇温が観察されてきた．北太平洋 WOCE-WHP 定線である P1 ラインに観察された昇温である．これが報告されたのち，南極周辺で最も大きな昇温が観察され，ほぼ海洋全域の現象であることがわかった．南極域で形成され，海底に沿って北上する南極低層水（AABW）の形成が地球温暖化に伴って弱まっているのではないかと指摘されている．

14.5 地球温暖化と海洋の成層や循環の変化

14.5.2 塩分の変化

　水温資料に比較すると塩分の資料はきわめて少ないが，それでもアルゴフロートなどの資料から，地球温暖化に伴うと考えられる塩分の時間変化がとらえられてきた．図 14.10 は，2003〜07 年のアルゴフロート資料による海面塩分の年平均値の平均と，1960〜89 年の 30 年間の船舶観測年平均値の平均の差（前者マイナス後者）の分布を示している（Hosoda et al., 2009）．等値線はアルゴフロート資料による年平均値である．高塩分の海域が正の偏差を取り，低塩分の海域が負の偏差を取っていることがわかる．

　すでに 5.3 節でみてきたように，海面塩分は蒸発量（E）と降水量（P）の差（$E-P$）の情報を反映している．図に示した塩分偏差の図は，$E-P$ の差が正であれ負であれ，$E-P$ の絶対値がますます大きくなっていることを示している．これは陸上の観測からも推測されていることで，「地球の水循環が強化している」ことの表れとみなされている．

14.5.3 海洋循環の変化

　地球温暖化による海洋循環の変化を，測定から直接明瞭にとらえることはたいへん難しい．それでも IPCC（2013）では，南北太平洋の亜熱帯循環の強化や，南極周極流の南側へのシフトは，中程度から高程度の信頼度で起こってい

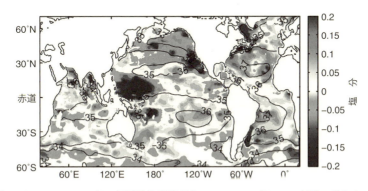

図 14.10　2003〜07 年の年平均海面塩分と，1960〜89 年の 30 年間のそれとの差
　　　　　（前者マイナス後者）の分布
　　　　　等値線は前者の海面塩分．（Hosoda et al., 2009）（カラー図は口絵 8 参照）

第 14 章　地球温暖化と海洋

るとみなされるとしている．温暖化の数値実験では，偏西風が強化されることが予測されている．これに伴い，表層循環系の強化も起こるだろうと考えられている．

　地球温暖化では，海洋における 3 次元循環，とりわけ北大西洋深層水（NADW）の形成に伴う子午面循環がどうなるのかが注目されてきた．さまざまな緯度で，さまざまな手法で子午面循環が計測されているが，現在はまだ有意な長期傾向は観察されていないとしている．

参考文献

[1] Blanc, T. V. (1985) Variation of bulk derived surface flux, stability, and roughness results due to the use of different transfer coefficient scheme. *J. Phys. Oceanogr.*, **15**, 650-669.

[2] Broecker, W. S. (1987) The biggest chill. *Natl. Hist.*, **97**, 74-92.

[3] Broecker, W. S. (1991) The great ocean conveyor belt. *Oceanography*, **4**, 79-89.

[4] Broecker, W. S. and Peng, T. (1982) "Tracers in the Sea. Lamont-Doherty Geological Observatory", Columbia University, 690pp.

[5] Ebuchi, N. and Hanawa, K. (2000) Mesoscale eddies observed by TOLEX-ADCP and TOPEX/POSEIDON altimeter in the Kuroshio recirculation region south of Japan. *J. Oceanogr.*, **56**, 43-57.

[6] Ebuchi, N., and Hanawa, K. (2001) Trajectory of mesoscale eddies in the Kuroshio recirculation region. *J. Oceanogr.*, **57**, 471-480.

[7] Ekman, V. W. (1905) On the influence of the Earth's rotation on ocean currents. *Arch. Math. Astro. Phys.*, **2**, 1-53.

[8] Fukasawa, M., Freeland, H., Perkin, R., Watanabe, T., Uchida, H. and Nishina, A. (2004) Bottom water warming in the North Pacific Ocean. *Nature*, **427**, 825-827.

[9] Gordon, A. L. (1986) Interocean exchange of thermocline water. *J. Geophys. Res.*, **91**, 5037-5046.

[10] Gould, J., Sloyan, B. and Visbeck, M. (2013) Chap. 3. *In Situ* Ocean Observations: A brief history, present status, and future directions. *In*: "Ocean Circulation and Climate: A 21st century perspective" (Siedler, G., Griffis, S. M., Gould, J. and Church, J. A. eds.), pp.59-81, Academic Press.

[11] Gregg, N. C. (1973) The microstructure of the ocean. *Sci. Am.*, **228**, 65-77.

[12] Grist, J. P. and Josey, S. A. (2003) Inverse analysis adjustment of the SOC air-sea flux climatology using ocean heat transport constraints. *J. Climate*, **16**, 3274-3295.

[13] 花輪公雄 (2001) §1.3 エルニーニョ・ラニーニャ現象に伴う全球海面水温変動.『エルニーニョ・ラニーニャ現象—地球環境と人間社会への影響—』(気候影響・利用研究会 編), pp.44-66, 成山堂書店.

[14] 花輪公雄・三寺史夫 (1985) 海洋資料における日平均値の作成について—日平均潮

参考文献

位を扱う際の留意点—. 沿岸海洋研究ノート, **23**, 79-87.

[15] Hanawa, K. and Talley, L. D.（2001）Chap. 5.4, Mode waters. *In*: "Ocean Circulation and Climate"（Siedler, G., Church, J. and Gould, J. eds.）, pp.373-386, Academic Press.

[16] Hartmann, D. L.（1994）"Global Physical Climatology", Academic Press, 411pp.

[17] Hosoda, S., Suga, T., Shikama, N. and Mizuno, K.（2009）Global Surface layer salinity change detected by Argo and its implication for hydrological cycle intensification. *J. Oceanogr.*, **65**, 579-586.

[18] 稲津大祐・木津昭一・花輪公雄（2005）気圧変動に対する日本沿岸水位の応答. 海の研究, **14**, 57-69.

[19] IPCC（2007）Climate Change 2007: The Physical Science Basis. Contribution of Working Group I to the Fourth Assessment Report of the Intergovernmental Panel on Climate Change（Solomon, S., Qin, D., Manning, M., Chen, Z., Marquis, M., Averryt, K. B., Tigmor, M. and Miller, H. eds.）, Cambridge University Press, 996pp.

[20] IPCC（2013）Climate Change 2013: The Physical Science Basis. Contribution of Working Group I to the Fifth Assessment Report of the Intergovernmental Panel on Climate Change（Stocker, T. F., Qin, D., Plattner, G.-K., Tignor, M., Allen, S. K., Boschung, J., Nauels, A., Xia, Y., Bex, V. and Midgley, P. M., eds.）, Cambridge University Press, 1535pp.

[21] Josey, S. A., Kent, E. C. and Taylor, P. K.（1998）The Southampton Oceanography Centre（SOC）ocean-atmosphere heat, momentum and freshwater flux atlas, Rep. 6, Southampton Oceanography Center, 30pp.

[22] Kawabe, M.（1982）Branching of the Tsushima Current in the Japan Sea. Part I. Data analysis. *J. Oceanogr. Soc. Jpn.*, **24**, 32-44.

[23] Kawabe, M.（1986）Transition processes between the three typical paths of the Kuroshio. *J. Oceanogr. Soc. Jpn.*, **42**, 174-191.

[24] 川崎 健・花輪公雄・谷口 旭・二平 章 編著（2007）『レジームシフト—気候変動と生物資源管理—』, 成山堂書店, 216pp.

[25] 国立天文台 編（2011）『理科年表』, 丸善出版, 1054pp.

[26] Kutzbach, J. E.（1976）The nature of climate and climate variations. *Quarter. Res.*, **6**, 471-480.

[27] Kiehl, J. and Trenberth, K.（1997）Earth's annual global mean energy budget. *Bull. Am. Meteorolo. Soc.*, **78**, 197-206.

[28] 黒田芳史・網谷泰孝（2001）トライトン：ENSO 減少解明を目指す新しい海洋—気象ブイネットワーク. 海の研究, **10**, 157-172.

[29] Le Quéré, C., Peters, G. P., Anders, R. J., Andrew, R. M., Boden, T. A., Ciais, P., Friedlingstein, P., Houghton, R. A., Marland, G., Moriarty, R., Sitch, S., Tans, P., Ameth, A., Arvanitis, A., Bakker, D. C. E., Bopp, L., Canadell, J. G., Chini, L. P., Doney, S. C., Harper, A., Harris, I., House, J. I., Jain, A. K., Jones, S. D., Kato, E., Keeling, R. F., Klein Goldwijk, K., Kortzinger, A., Koven, C., Lefevre, N., Maignan, F., Omar, A., Ono, T., Park, G. -H., Pfell, B., Poulter, B., Raupach, M. R., Regnier, P., Rodenbeck, C., Saito, S., Schwinger, J., Segschneider, J., Stocker, B. D., Takahashi, T., Tilbrook, B., van Heuven, S., Viovy, N., Wanninkhof, R., Wiltshire, A. and Zaehle, S. (2014) Global carbon budget 2013, *Earth Syst. Sci. Data*, **6**, 235-263, doi:10.5194/essd-6-235-2014.

[30] Locarnini, R. A., Mishonov, A. V., Antonov, J. I., Boyer, T. P., Garcia, H. E., Baranova, O. K., Zweng, M. M., Paver, C. R., Reagan, J. R., Johnson, D. R., Hamilton, M., Seidov, D. (2013) "World Ocean Atlas 2013, Volume 1: Temperature", (Levitus, S. ed., Mishonov, A. Technical ed.), NOAA Atlas NESDIS 73, 40pp.

[31] Lupton, J. E. (1998) Hydrothermal helium plumes in the Pacific Ocean. *J. Geophys. Res.*, **103**, 15853-15868.

[32] Mantua, N., Hare, S. R., Zhang, Y., Wallace, J. M. and Francis, R. C. (1997) A Pacific interdecadal climate oscillation with impacts on salmon production. *Bull. Am. Meteor. Soc.*, **78**, 1069-1079.

[33] Masuzawa, J. (1969) Subtropical Mode Water. *Deep-Sea Res.*, **16**, 453-472.

[34] Matsuno, T. (1966) Quasi-geostrophic motions in the equatorial area. *J. Meteorol. Soc. Jpn.*, **44**, 25-43.

[35] Mowbray, D. E. and Rarity, B. S. H. (1967) A theoretical and experimental investigation of the phase configuration of internal waves of small amplitude in a density stratified liquid. *J. Fluid Mech.*, **28**, 1-16.

[36] 中澤高清・青木周司・森本真司（2015）『地球環境システム—温室効果気体と地球温暖化—』．現代地球科学入門シリーズ5，共立出版，277pp.

[37] 日本海洋学会沿岸海洋研究部会 編（1990）『続・日本全国沿岸海洋誌』，東海大学出版会，839pp.

[38] NOAA-PMEL (2009) El Niño theme page: Accessed distributed information on El Niño. NOAA Pacific Environmental Laboratory. http://www.pmel.noaa.gov./tao/elnino/nino-home.html

[39] Reid, J. L. (1997) On the total geostrophic circulation of the North Pacific Ocean: Flow patterns, tracers and transport. *Progr. Oceanogr.*, **39**, 263-352.

[40] Rossby, C. G. (1939) Relation between variations in the intensity of the zonal cir-

culation of the atmosphere and the displacements of the semi-permanent centers of action. *J. Mar. Res.*, **2**, 38-55.

[41] Schmitz, Jr., W. J. (1995) On the interbasin-scale thermohaline circulation. *Rev. Geophys.*, **33**, 151-173.

[42] Schmitz, Jr, W. J. (1996) On the World Ocean Circulation: Volume II: The Pacific and Indian Oceans/A Global Update. Woods Hole Oceanographic Institution, Tech. Rep., WOHI-96-08, 237pp.

[43] Schwiderski, E. W. (1979) Global ocean tides, II, The semidiurnal principal lunar tide (M2), Atlas of tidal charts and maps, NSWC Tech. Rep. 79-414, Naval Surface Weapons Center., 11pp.

[44] Stommel, H. (1948) The westward intensification of wind-driven currents. *Tran. Am. Geophys. Union*, **29**, 202-206.

[45] Stommel, H. M. (1958) The abyssal circulation. *Deep-Sea Res.*, **5**, 80-82.

[46] Sugimoto, S. and Hanawa, K. (2009) Decadal and interdecadal variations of the Aleutian Low activity and their relation to upper oceanic variations over the North Pacific. *J. Meteor. Soc. Jpn.*, **87**, 601-614.

[47] Sverdrup, H. U. (1947) Wind-driven currents in a baroclinic ocean. *Proc. Natl. Acad. Sci. U.S.A.*, **33**, 318-326.

[48] Sverdrup, H. U., Johnson, M. W. and Fleming, R. H. (1942) "The Oceans: Their Physics, Chemistry and General Biology", Prentice Hall, 1057pp.

[49] Taira, K., Yanagimoto, D. and Kitagawa, S. (2005) Deep CTD casts in the Challenger Deep, Mariana Trench, *J. Oceanogr.*, **61**, 447-454.

[50] Talley, L. D. and Yun, J.-Y. (2001) The role of cabbeling and double diffusion in setting the density of the North Pacific Intermediate Water salinity minimum. *J. Phys. Oceanogr.*, **31**, 1538-1549.

[51] Talley, L. D., Pickard, G. L., Emery, W. J. and Swift, J. H. (2011) "Descriptive Oceanography: An introduction" (6th edition), Elsevier, 555pp.

[52] The Oceanography Course Team (1989a) "The Ocean Basins: Their structure and evolution", The Open University, 171pp.

[53] The Oceanography Course Team (1989b) "Seawater: Its composition, properties and behaviour", The Open University, 165pp.

[54] The Oceanography Course Team (2001) "Ocean Circulation" (2nd edition), The Open University, 286pp.

[55] Trenberth, K. and Hurrell, J. W. (1994) Decadal atmosphere-ocean variations in the Pacific. *Clim. Dyn.*, **9**, 303-319.

[56] Wallace, J. M. and Gutzler, D. S. (1981) Teleconnections in the geopotential height

field during the Northern Hemisphere winter. *Mon. Wea. Rev.*, **114**, 644-647.
[57] Woods, J. D. and Willey, R. L. (1972) Billow turbulence and ocean microstructure. *Deep-Sea Res.*, **19**, 87-121.
[58] Yasunaka, S. and Hanawa, K. (2005) Regime shifts and El Niño/Southern Oscillation events in the global sea surface temperatures. *Int. J. Climatol.*, **25**, doi:10.1002/joc.1172, 913-930.
[59] Zhang, R.-C. and Hanawa, K. (1993) Features of the water, as front in the northwestern North Pacific. *J. Geophys. Res.*, **98**, 967-975.
[60] Zweng, M. M, Reagan, J. R., Antonov, J. I., Locarnini, R. A., Mishonov, A. V., Boyer, T. P., Garcia, H. E., Baranova, O. K., Johnson, D. R., Seidov, D., Biddle, M. M. (2013) World Ocean Atlas 2013, Volume 2: Salinity. (Levitus, S. ed., Mishonov, A. Technical ed.) NOAA Atlas NESDIS 74, 39pp.

索　引

数　字
18度水　59

あ　行
アガラス海流　72
亜寒帯循環　71
アクティブセンサー　157
アジア・モンスーン　44
アスペクト比　120
圧力傾度力　89
亜南極前線　74
亜南極モード水　59
亜熱帯高圧帯　40
亜熱帯高塩分水　53
亜熱帯循環　70
亜熱帯前線　74
アラスカ海流　70
アリューシャン低気圧　177
アルゴ計画　155
アルゴン　182
アルベド　24
安定成層　46
安定度　38

位相　107
位相速度　107
一酸化二窒素　182
移流項　86
移流時間スケール　166
移流モード仮説　180
インドネシア通過流　77
インド・モンスーン　44, 171
インド洋　4

ウィーンの変位則　23

ウェッデル循環　74
渦位　61
渦度　97, 124
渦度方程式　124
うねり　112
海大陸　77
運動量フラックス　37
雲量　32

エアロゾル　27
永年躍層　47
栄養塩　14
エクマンサクション　96
エクマン層　93
エクマンパンピング　96
エクマン輸送量　95
エクマンらせん　94
エクマン流　95
エルニーニョ　170
遠隔探査　157
塩化ナトリウム　16
沿岸ケルビン波　131
沿岸流路　146
エンソ・イベント　171
鉛直断面　54
鉛直分布図　20
塩分　16
塩分極小層　57
塩分極大層　57
塩分躍層　47
縁辺海　4

オイラー時間微分　86
大潮　134
沖合流路　146
オゾン　182
オーバーターン　78
親潮　71

親潮沿岸分枝　71
親潮第1貫入　71
温位　19
音響測深　9
音響断層学　21
温室効果気体　182
音速　21
音速極小層　21
音波　21
音波ドップラー流速計　161

か　行
外核　2
回帰線水　53
海溝　2
海山　7
海山列　8
海上気象観測　149
海上気象資料　32
海台　7
階段状構造　65
外部重力波　111
外部変形半径　127
外部モード　133
海盆　32
海面塩分　51
海面水温　51
海洋地殻　2
海嶺　2
化学トレーサー　105
拡散　61
拡散項　89
拡散時間スケール　167
拡散型対流　65
花崗岩　2
可視光線　23, 166
カリフォルニア海流　70

200

索 引

ガルフストリーム　72
ガルフストリーム続流　72
監視　148
慣性系　81
慣性重力波　123
慣性振動　88
観測　148
干潮　134
寒流　71

気圧　32
気温　32
希ガス　16
気圏　164
気候　164
気候システム　164
気候値　51
気候のジャンプ　181
気候変動に関する政府間パネル　185
季節内振動　173
季節躍層　47
北赤道海流　70
北赤道反流　70
北大西洋亜熱帯モード水　59
北大西洋海流　72
北大西洋深層水　50, 58, 72
北太平洋亜熱帯モード水　58
北太平洋海流　70
北太平洋指数　177
北太平洋中央水　49
北太平洋中層水　57, 71
北太平洋東部亜熱帯モード水　59
起潮力　137
逆気圧補正　145
キャベリング　66
球座標系　83
吸収率　184
境界面波動　114
極座標系　83

局所デカルト座標系　84
極前線　74
銀滴定法　17

雲　27
黒潮　70
黒潮続流　70
群速度　107

傾圧不安定　63
経験的直交関数　178
係留系　68, 153
結氷・融解点温度　20
ケルビン波　129
ケルビン・ヘルムホルツ不安定　64, 115
減衰波　111
検潮所　134
顕熱　26
顕熱フラックス　33
現場水温　19
現場密度　19
玄武岩　2

交換係数　186
降水量　37
高潮　134
交点潮　180
国際水路機関　10
国際地球観測年　163
国際統合海洋気象データセット　33
黒体　22
小潮　134
コリオリパラメーター　84
コリオリ力　82
混合水域　71
混合層　48
混合比　62
混合ロスビー重力波　132
コンチネンタルライズ　7

さ 行

再出現現象　169

砕波　147
サブダクションモード仮説　180
酸素　182

時間スケール　166
子午面熱輸送　29
実質微分　87
湿度　32
実用塩分　17
実用塩分単位　17
しぶき　112
シベリア高気圧　177
射出率　23
シャツキー海膨　7
周期的振動　181
収束　96
重力　80, 110
重力波　110
主太陰日周潮　140
主太陰半日周潮　140
主太陽半日周潮　140
受動型センサー　157
受動的トレーサー　32
主躍層　47
主要成分　14
順圧不安定　63
状態方程式　18, 81
蒸発の潜熱　14
蒸発量　37
白波　112
深海平原　6
深水波　108
振動数　107
振幅　107

水温　18
水温–塩分図　49
水温躍層　47
水塊　49
水圏　164
水素イオン濃度　16
吹走距離　111
錘測　9
スケールアナリシス　89

201

索　引

スタントン数　35
ステファン・ボルツマンの法則　22
ステリックハイト偏差　75
スベルドラップバランスの式　97
スベルドラップ輸送量　98

西岸強化　71
西岸境界流　71
静止衛星　158
静水圧の式　91
成層　46
政府間海洋学委員会　10
生物圏　164
静力学の式　91
世界海洋循環実験計画　152
世界データセンター　162
赤外線　23
析出　16
赤道ケルビン波　132
赤道循環　70
赤道 β-平面近似　85
赤道湧昇　170
絶対渦度　124
絶対塩分　17
雪氷圏　164
接平面　84
浅海（水）方程式　121
線形化　121
浅水波　108
前線　53
潜熱　26
潜熱フラックス　35

相対渦度　124
測深　9
ソマリー海流　73
疎密波　106
ソルトフィンガー　65

た 行

第1種波動　110
第2種波動　110
大気海洋相互作用システム　165
大気上端　24
対数境界層　33
大西洋　4
体積力　147
大蛇行（流路）　70, 146
タイドキラーフィルター　145
代表的濃度経路　189
太平洋　4
太平洋環境研究所　154
太平洋十年変動　178
太平洋十年変動指数　178
太平洋深層水　58
大洋　4
太陽放射　23
大陸斜面　8
大陸棚　6
大陸地殻　2
対流　46
対流圏　167
滞留時間スケール　167
縦波　106
ターナー角　65
谷　107
ダルトン数　35
階段状構造　65
炭酸カルシウム　16
暖水渦　72
淡水フラックス　37
短波放射　23
暖流　71

地殻　1
地殻熱流量　32
地球放射　23
地球流体力学　82
地形性ベータ　129
地形性ロスビー波　129
地圏　164

地衡流　68
地衡流近似方程式　91
地衡流調節問題　127
地衡流バランス　75
地磁気の縞模様　3
地中海　4
地中海水　53
窒素　182
チムニー　32
中央モード水　59
中規模渦　68
中立成層　46
中立波　111
潮位　134
潮汐　134
潮汐残差流　144
潮汐図　141
潮汐力　137
超大陸　2
長波放射　23
潮流　144
潮流楕円　144
直交直線座標系　82

津波　113

T-S 図　49
定在ロスビー波　175
定常状態　86
低潮　134
デカルト座標系　82
テレコネクションパターン　174
電気伝導度水温水深計　151
転向力　82
電磁波　22
伝統的近似　85
伝導度　17
天皇海山列　7

投下式 CTD　160
投下式水温計　160
投下式測器　160
投下式流速計　160

202

索　引

東岸境界流　71
東西平均値　38
等潮差線　141
等潮時線　141
動的潮汐論　141
動粘性係数　80
導波域　132
透明　166
篤志観測船　149
トライトンブイ　154
トレーサー　68

な 行

内核　2
内部重力波　111
内部潮汐　147
内部潮汐波　64
内部波　111
内部モード　133
内部領域　96
ナビエー・ストークスの
　運動方程式　80
波の周期　107
南極周極流　73
南極中層水　50, 57
南極底層水　50, 58, 74
南西モンスーン海流　73
南大洋　4, 73
南部南極周極海流前線
　74
南方振動　171
南北熱輸送　29

二酸化炭素　182
西太平洋　176
二重拡散対流　65
日月合成日周潮　140
日躍層　47
日潮不等　139
NINO.3 指数　172
日本海　4
日本海洋データセンター
　162
人間圏　164

熱帯海洋・全球大気計画
　154
熱帯収束帯　43
熱的慣性　166
粘性項　89
粘性流体　80
年平均値　38

能動型センサー　157

は 行

媒質　106
波高　107
波数　107
パーセル法　116
波長　107
発散　96
発散性　126
パッシブセンサー　157
ハドレー循環　39
バルク係数　33
バルク法　32
波浪　113
ハワイ海山列　8
パンゲア　2
搬送波　109

非圧縮性流体　81
東アジア・モンスーン
　44
東オーストラリア海流
　72
東カムチャッカ海流　70
非慣性系　82
非線形項　86
非大蛇行（流路）　70,
　146
ヒートアイランド　186
比熱　14
非発散性　124
非発散の式　81
非分散性波動　110
表面張力　14, 110
表面張力波　110
品質管理　21

不安定現象　63
不安定成層　46
不安定波　111
風応力　38
風向　32
風速　32
風波　111
復元力　110
物質微分　87
ブライン　46
ブラジル海流　72
フラックス　11, 32
ブラックスモーカー　32
プランクの放射法則　22
ブラント・バイサラ振動
　数　61, 117
浮力振動数　117
プレート　3
プレート・テクトニクス
　3
ブロッカーのコンベアー
　ベルト　77
分圧　186
分散関係式　108
分散性波動　110
分子拡散係数　61
噴出孔　32
分潮　140

平衡潮汐論　139
米国国立海洋大気庁　33,
　154
平面波解　122
β-平面近似　85
変位　106
偏西風　43
偏東風　43
偏流　67

貿易風　43, 170
放射　25
放射フラックス　36
放射率　23
包絡波　109
北東モンスーン海流　74

203

索　引

母源水　51
捕捉条件　130
北極海　4
ボックスインバース法　78
ホットスポット　8
ポテンシャル渦度　61
ポテンシャル水温　19
ポテンシャル密度　19

ま　行

マグマの海　1
摩擦係数　37
マッデン・ジュリアン振動　173
満潮　134
マントル　2
マントル対流　3

見かけの力　82
水収支　12
水の波　108
水惑星　1
乱れ　90
密度　18
密度比　65
密度躍層　47

峰　107
ミンダナオ海流　70

無潮点　141
無流面　75

メキシコ湾　4
メタン　182
メトリック項　83

モード水　58
モンスーン　44

や　行

融解の潜熱　14
有義波　112
湧昇　52
ユネスコ　17

余緯度　83
溶存酸素　16
横波　106

ら　行

ラグランジュ時間微分　86

ラブラドル海水　57
乱流鉛直粘性係数　94
乱流拡散係数　61
乱流熱フラックス　36

力学的高さ　75
陸棚波　129
リモートセンシング　21, 157
硫酸カルシウム　16
流線　75
流体粒子　87

レジーム・シフト　181
連吹時間　111
連続の式　81

ロス海循環　74
ロスビーの変形半径　127
ロスビー波　125

わ　行

惑星アルベド　25
惑星渦度　124
惑星波　110
湾　4
湾流　72

欧文索引

A

AABW 58
AAIW 57
absolute salinity 17
absolute vorticity 124
absorptivity 184
abyssal plane 6
ACC 74
Acoustic Doppler
　Current Profiler 161
acoustic tomography 21
active sensor 157
ADCP 161
advection mode
　hypothesis 180
advection term 86
advection time scale
　166
aerozol 27
Agulhas Current 72
air pressure 32
air temperature 32
air-sea interactive
　system 165
Alaska Current 70
albedo 24
Aleutian Low 177
amphidromic point 141
amplitude 107
annual mean value 38
Antarctic Bottom Water
　58
Antarctic Circumpolar
　Current 73
Antarctic Intermediate
　Water 57
apparent force 82

aqua-planet 1
Arctic Ocean 4
Argo Project 155
Asian Monsoon 44
aspect ratio 120
Atlantic Ocean 4
atmosphere 164

B

baroclinic 133
baroclinic instability 63
barotropic 133
barotropic instability
　63
basalt 2
basin 32
bay 4
β-plane approximation
　85
biosphere 164
black body 22
black smoker 32
body force 147
box inverse method 78
Brazil Current 72
brine 46
Brunt-Väisälä frequency
　117
bulk coefficient 33
bulk method 32
buoyancy frequency
　117

C

cabbeling 66
California Current 70
capillary wave 110
carrier wave 109

Central Mode Water 59
chemical tracer 105
chimney 32
climate 164
climate system 164
climatic jump 181
climatology 51
cloud 27
cloudiness 32
CMW 59
co-range line 141
co-tidal line 141
coastal Kelvin wave 131
colatitude 83
cold current 71
component tide 140
compressional wave 106
conductivity 17
Conductivity-
　Temperature Depth
　Recorder 151
continental crust 2
continental rise 7
continental shelf 6
continental shelf wave
　129
continental slope 8
convection 46
Coriolis force 82
Coriolis parameter 84
crust 1
cryosphere 164
CTD 151

D

Dalton 数 35
damped wave 111
deep water wave 108

205

欧文索引

density 18
diffusion term 89
diffusion time scale 167
diffusive type convection 65
dispersion relation equation 108
dispersive wave 110
displacement 106
dissolved oxygen 16
double diffusive convection 65
drag coefficient 37
drift current 67
duration 111
dynamic height 75
dynamic theory of tide 141

E

earth's radiation 23
East Australian Current 72
East Kamchatka Current 70
easterly 43
Eastern Boundary Current 71
EBC 71
echo sounding 9
Eighteen Degree Water 59
Ekman flow 95
Ekman layer 93
Ekman pumping 96
Ekman spiral 94
Ekman suction 96
Ekman transport 95
El Niño 170
El Niño/Southern Oscillation event 171
electromagnetic wave 22
emissivity 23
Emperor Sea Mounts 7

Empirical Orthogonal Function 178
ENSO event 171
envelope wave 109
EOF 178
equation of continuity 81
equation of state 18
equatorial β-plane approximation 85
equatorial Kelvin wave 132
equatorial upwelling 170
equilibrium theory of tide 139
ETOPO2 6
Euler time derivative 86
evaporation 37
exchange coefficient 186
expendable sensor 160
external gravitational wave 111
external mode 133
external radius of deformation 128

F

fetch 111
fluid particle 87
flux 11
frequency 107
fresh water flux 37
front 53

G

GEBCO 10
Geophysical Fluid Dynamics 83
geosphere 164
geostationary satellite 157
geostrophic adjustment problem 127

geostrophic approximation equation 91
geostrophic balance 75
geostrophic current 68
GFD 83
GHG 182
granite 2
gravitational wave 110
gravity 80
gravity wave 110
great ocean conveyor belt 77
greenhouse gas 182
group velocity 107
gulf 4
Gulf of Mexico 4
Gulf Stream 72
Gulf Stream Extension 72

H

Hadley circulation 39
halocline 47
Hawaiian Sea Mounts 8
heat island 186
high tide 134
high water 134
hot spot 8
humanosphere 164
humidity 32
hydrodynamic equation 91
hydrosphere 164
hydrostatic equation 91

I

ICOADS 33
IGY 163
IHO 10
incompressible fluid 81
Indian Monsoon 44
Indian Ocean 4
Indonesian Throughflow 77

inertial oscillation 88
inertial system 81
inertial-gravity wave 123
infrared 23
inner core 2
in situ density 19
in situ temperature 19
instability phenomenon 63
interfacial wave 114
Intergovernmental Committee for Ocean 10
Intergovernmental Panel on Climate Change 185
internal gravitational wave 111
internal mode 133
internal tide 64, 147
internal wave 111
International Comprehensive Ocean-Atmosphere Data Set 33
International Geophysical Year 163
International Hydrographic Organization 10
intertropical convergence zone 43
intra-seasonal oscillation 173
inverted barometric correction 145
IOC 10
ion 14
IPCC 185
ITCZ 43

J

Japan Oceanographic Data Center 162

Japan Sea 4
JODC 162

K

Kelvin wave 129
Kelvin-Helmholtz instability 115
K–H 不安定 115
kinematic viscosity 80
Kuroshio 70
Kuroshio Extension 70

L

Labrador Sea Water 57
Lagrange time derivative 86
large meander 70
large meander path 146
latent heat 26
latent heat flux 35
latent heat of evaporation 14
latent heat of fusion 14
linearization 121
local Cartesian coordinate system 84
logarithmic boundary layer 33
longitudinal wave 106
longwave radiation 23
low tide 134
low water 134
LSW 57
luni-solar diurnal component 140

M

Madden-Julian Oscillation 173
magma ocean 1
major constituent 14
mantle 2
mantle convection 3
marginal sea 4
marine meteorological data 32
marine meteorological observation 149
Maritime Continent 77
material derivative 87
MC 70
Mediterranean Sea 4
Mediterranean Water 53
medium 106
meridional heat transport 29
mesoscale eddy 68
metric term 83
Mindanao Current 70
mixed layer 48
mixed Rossby-gravity wave 132
Mixed Water Region 71
mode water 58
molecular diffusivity 61
momentum flux 37
monitoring 148
monsoon 44
mooring system 68
mother water mass 51

N

NADW 58
NASTMW 59
National Oceanic and Atmospheric Administration 33
Navier-Stokes equation of motion 80
neap tide 134
nearshore path 146
NEC 70
NECC 70
neutral stratification 46
neutral wave 111
NINO.3 index 172
NOAA 33
nodal tide 180
non large meander 70

207

欧文索引

non-divergent equation 81
non-inertial system 82
non-meander path 146
nondispersive wave 110
nondivergent 124
nonlinear term 86
North Atlantic Current 72
North Atlantic Deep Water 58
North Atlantic STMW 59
North Equatorial Countercurrent 70
North Equatorial Current 70
North Pacific Central Water 49
North Pacific Current 70
North Pacific Eastern Subtropical Mode Water 59
North Pacific Index 177
North Pacific Intermediate Water 57
North Pacific Subtropical Mode Water 58
Northeast Monsoon Current 73
NPESTMW 59
NPI 177
NPIW 57, 71
NPSTMW 58
nutrient 14

O

observation 148
ocean 4
oceanic crust 2
oceanic ridge 2
oceanic trench 2

offshore path 146
orthogonal coordinate system 82
outer core 2
overturn 78
Oyashio 71
Oyashio Coastal Branch 71
Oyashio First Intrusion 71

P

Pacific Decadal Oscillation 178
Pacific Deep Water 58
Pacific Marine Environmental Laboratory 155
Pacific Ocean 4
Pacific/North American 176
Pangea 2
parcel method 116
partial pressure 186
passive sensor 157
passive tracer 32
PDO 178
PDOI 178
PDO Index 178
periodic oscillation 181
PF 74
pH 16
phase 107
phase velocity 107
Planck's radiation law 22
plane wave solution 122
planetary albedo 25
planetary vorticity 124
planetary wave 110
plate 3
plate tectonics 3
plateau 7
PMEL 154
PNA 176

polar coordinate system 83
Polar Front 74
potential density 19
potential temperature 19
potential vorticity 61
practical salinity 17
practical salinity unit 17
precipitation 16, 37
pressure gradient force 89
principal lunar component 140
principal lunar diurnal component 140
principal solar component 140
psu 17
PV 61
pycnocline 47

Q

QC 21
quality control 21

R

radiation 25
radiation flux 36
rare gas 16
RCP 189
reemergence phenomenon 169
regime shift 181
relative vorticity 124
remote sensing 157
Representative Concentration Pathways 189
residence time scale 167
restoring force 110
ridge 107
Ross Sea Gyre 74
Rossby wave 125

208

Rossby's radius of
  deformation 127

S

SACCF 74
SAF 74
salinity 16
salinity maximum layer
  57
salinity minimum layer
  57
salt finger 65
SAMW 59
scale analysis 89
sea mount 7
sea mount chain 8
Sea of Japan 4
sea surface salinity 51
sea surface temperature
  51
sensible heat 26
sensible heat flux 33
shallow water equation
  121
shallow water wave 108
Shatsky Rise 7
shelf wave 129
shortwave radiation 23
Siberian High 177
significant wave 112
solar radiation 23
Somali Current 74
sound fixing and ranging
  21
sound speed 21
sound speed minimum
  layer 21
sound wave 21
sounding 9
Southern Antarctic
  Circumpolar Current
  Front 74
Southern Ocean 4
Southern Oscillation
  171

Southwest Monsoon
  Current 73
specific heat 14
spring tide 134
SSS 51
SST 51
stability 38
stable stratification 46
Stanton 数 35
stationary Rossby wave
  175
steady state 86
Stefan-Boltzmann's law
  22
steric height anomaly
  75
STF 74
stratification 46
stream function 75
Subantarctic Front 74
Subantarctic Mode
  Water 59
subduction mode
  hypothesis 180
Subpolar Gyre 71
Subtropical Front 74
Subtropical Gyre 70
Subtropical High 40
Subtropical High
  Salinity Water 53
supercontinent 2
surface tension 14, 110
Surface Velocity
  Program 155
Sverdrup balance
  equation 97
Sverdrup transport 98
SVP 155
swell 112

T

tangential plane 84
teleconnection pattern
  174
temperature of

freezing/melting point
  20
temperature-salinity
  diagram 49
terrestrial heat flow 32
thermal inertia 166
thermocline 47
tidal chart 141
tidal current 144
tidal current ellipse 144
tidal force 137
tidal level 134
tidal residual current
  144
tidal station 134
tide 134
tide generating force
  137
tide killer filter 145
tide producing force
  137
time scale 166
TNH 176
TOGA 計画 154
top of atmosphere 24
topographic beta 129
topographic Rossby wave
  129
tracer 68
trade wind 43
traditional
  approximation 85
transparent 166
transverse wave 106
trapping condition 130
TRITON ブイ 155
Tropical Gyre 70
Tropical Ocean and
  Global Atmosphere
  154
Tropical Water 53
Tropical/Northern
  Hemisphere 176
troposphere 167
trough 107

欧文索引

tsunami 113
T–S 図 49
turbulence 90
turbulent diffusivity 61
turbulent heat flux 36
turbulent vertical viscosity 94
Turner 角 65
turning force 82

U

unequal tide 139
UNESCO 17
United Nations Educational, Scientific and Cultural Organization 17
unstable stratification 46
unstable wave 111
upwelling 52

V

vertical profile 20
vertical section 54

viscous fluid 80
viscous term 89
volunteer observing ship 149
vorticity 124
vorticity equation 124
VOS 149

W

warm current 71
warm eddy 72
water budget 12
water mass 49
wave breaking 147
wave height 107
wave number 107
wave of the 1st kind 110
wave of the 2nd kind 110
wave period 107
waveguide region 132
wavelength 107
WBC 71
WDC 162
Weddell Gyre 74

West Pacific 176
westerly 43
Western Boundary Current 71
western intensification 71
white cap 112
Wien's displacement law 23
wind direction 32
wind speed 32
wind stress 38
wind wave 111
WOCE 計画 152
World Data Center 162
World Ocean Circulation Experiment 152
WP 176

X

XBT 160
XCP 160
XCTD 160

Z

zonal mean value 38

著者紹介

花輪　公雄（はなわ　きみお）

略　歴　1981 年，東北大学大学院理学研究科地球物理学専攻博士課程後期 3 年の課程単位取得退学．1981 年東北大学理学部助手，その後講師，助教授を経て 1994 年教授．1995 年大学院理学研究科教授に配置替え．2008 年度から 2010 年度まで理学研究科長・理学部長，2012 年から 2017 年度まで東北大学・理事（教育・学生支援・教育国際交流），2021 年度より山形大学・理事副学長．

現　在　東北大学 名誉教授・理学博士

専　攻　海洋物理学

著　書　『大気・海洋の相互作用』（分担執筆：鳥羽 良明編，1996 年，東京大学出版会），『極圏・雪氷圏と地球環境』（分担執筆：遠藤 邦彦・藁谷 哲也・山川 修治編著，2010 年，二宮書店），『若き研究者の皆さんへ――青葉の杜からのメッセージ』（著：2015 年，東北大学出版会），『続　若き研究者の皆さんへ――青葉の杜からのメッセージ』（著：2016 年，東北大学出版会）

現代地球科学入門シリーズ 4

海洋の物理学

Introduction to
Modern Earth Science Series
Vol.4
Physical Oceanography

2017 年 4 月 10 日　初版 1 刷発行
2023 年 4 月 20 日　初版 4 刷発行

検印廃止

NDC 452.12, 451.85, 450.12

ISBN 978-4-320-04712-9

著　者　花輪公雄 © 2017

発行者　南條光章

発行所　**共立出版株式会社**

〒112-0006
東京都文京区小日向 4 丁目 6 番地 19 号
電話 03-3947-2511（代表）
振替口座 00110-2-57035
URL www.kyoritsu-pub.co.jp

印　刷　藤原印刷
製　本

一般社団法人
自然科学書協会
会員

Printed in Japan

■地学・地球科学・宇宙科学関連書　www.kyoritsu-pub.co.jp　共立出版

地質学用語集 和英・英和 …………… 日本地質学会編	国際層序ガイド 層序区分・用語法・手順へのガイド …………… 日本地質学会訳編
地球・環境・資源 地球と人類の共生をめざして 第2版 …… 内田悦生他編	地質基準 …………… 日本地質学会地質基準委員会編著
地球・生命 その起源と進化 …………… 大谷栄治他著	東北日本弧 日本海の拡大とマグマの生成 …… 周藤賢治著
グレゴリー・ポール恐竜事典 原著第2版 … 東 洋一他監訳	地盤環境工学 …………… 嘉門雅史他著
天気のしくみ 雲のでき方からオーロラの正体まで …… 森田正光他著	岩石・鉱物のための熱力学 …………… 内田悦生著
竜巻のふしぎ 地上最強の気象現象を探る …… 森田正光他著	岩石熱力学 成因解析の基礎 …………… 川嵜智佑著
桜島 噴火と災害の歴史 …………… 石川秀雄著	同位体岩石学 …………… 加々美寛雄他著
大気放射学 衛星リモートセンシングと気候問題へのアプローチ … 藤枝 鋼他共訳	岩石学概論(上)記載岩石学 岩石学のための情報収集マニュアル … 周藤賢治他著
土砂動態学 山から深海底までの流砂・漂砂・生態系 … 松島亘志他編著	岩石学概論(下)解析岩石学 成因的岩石学へのガイド … 周藤賢治他著
海洋底科学の基礎 …… 日本地質学会「海洋底科学の基礎」編集委員会編	地殻・マントル構成物質 …………… 周藤賢治他著
ジオダイナミクス 原著第3版 …………… 木下正高監訳	岩石学 I 偏光顕微鏡と造岩鉱物 (共立全書189) … 都城秋穂他共著
プレートダイナミクス入門 …………… 新妻信明著	岩石学 II 岩石の性質と分類 (共立全書205) … 都城秋穂他共著
地球の構成と活動 (物理科学のコンセプト7) … 黒星瑩一訳	岩石学 III 岩石の成因 (共立全書214) … 都城秋穂他共著
地震学 第3版 …………… 宇津徳治著	偏光顕微鏡と岩石鉱物 第2版 …………… 黒田吉益他共著
水文科学 …………… 杉田倫明他編著	宇宙生命科学入門 生命の大冒険 …………… 石岡憲昭著
水文学 …………… 杉田倫明訳	現代物理学が描く宇宙論 …………… 真貝寿明著
環境同位体による水循環トレーシング … 山中 勤著	めぐる地球 ひろがる宇宙 …………… 林 憲二他著
陸水環境化学 …………… 藤永 薫編集	人は宇宙をどのように考えてきたか … 竹内 努他共訳
地下水モデル 実践的シミュレーションの基礎 第2版 … 堀野治彦他訳	多波長銀河物理学 …………… 竹内 努訳
地下水流動 モンスーンアジアの資源と循環 …… 谷口真人編著	宇宙物理学 (KEK物理学S 3) …………… 小玉英雄他著
環境地下水学 …………… 藤縄克之著	宇宙物理学 …………… 桜井邦朋著
復刊 河川地形 …………… 高山茂美著	復刊 宇宙電波天文学 …………… 赤羽賢司他共著